Christina Sondermann

Denksport für Hunde

Knobelspiele schnell und einfach selbstgemacht

Inhalt

Willkommen in der Knobelwerkstatt!

Mit vielen originellen Spielen, in denen Ihr Hund Pfote, Schnauze und jede Menge Köpfchen einsetzen muss, werden die grauen Zellen Ihres Vierbeiners hier garantiert so richtig gefordert! Um an ein Stückchen Futter oder ein Lieblingsspielzeug zu gelangen, muss er zunächst verschiedene **Mechanismen** knacken: ein Fallrohr bedienen, sein Glück an einem Hütchen-Brettspiel versuchen, eine Hunde-Angel einholen oder – im wahrsten Sinne des Wortes – um die Ecke denken.

Das Zubehör für den grenzenlosen Knobelspaß haben Sie bereits zuhause! Es schlummert in Form alltäglicher **Haushaltsgegenstände** in Küche, Keller, Garage und Dachboden – und wartet nur darauf, aus dem Dornröschenschlaf geweckt zu werden und eine steile Karriere als Denksportgerät hinzulegen. Sie müssen nichts extra kaufen, kaum etwas basteln (allenfalls so viel, wie selbst Menschen mit zwei linken Händen problemlos meistern können) und können sich sofort ins Vergnügen stürzen.

Ob Sie und Ihr Hund schon Vorkenntnisse haben, spielt keine Rolle – auch nicht, ob Sie Ihren Vierbeiner bislang für „intelligent" hielten oder nicht so sehr. Es ist auch egal, ob Sie beide jung oder alt, groß oder klein, körperlich in Topform oder weniger beweglich sind.

Wenn Sie ganz neu dabei sind, dann lernen Sie nicht nur jede Menge Spiele kennen, sondern erhalten auch zu jedem Spiel eine **Schritt-für-Schritt-Anleitung**. Und wenn Sie beide schon alte Hasen sind und vieles bereits ausprobiert haben, dann betrachten Sie dieses Buch als Kreativitätstraining: Lassen Sie sich überraschen, wie einfach Sie Ihrem erfahrenen Spieler schon mit kleinsten Abwandlungen altbekannter Ideen neue Herausforderungen bieten können – und werden Sie künftig selbst zum **Spiele-erfinder** für Ihren Hund!

Knobeln

genau richtig!

Knobeln macht das Leben schön!

Sie haben sich dieses Buch angeschafft, weil Sie und Ihr Hund Spaß und Beschäftigung wollen? Es wird Sie freuen: Für die Knobelspiele gibt es viele gute Gründe!

Beschäftigung mit Köpfchen

Das ist längst kein Geheimnis mehr: **Geistige Anregung** und **Kopfarbeit** gehören zu einem glücklichen Hundeleben einfach dazu. Knobelspiele sind ein Baustein, den Alltag Ihres Hundes auf einfache Weise zu bereichern. Gut zu wissen, wenn wir unsere Hunde beschäftigen wollen: Schon wenige Minuten Denksport können ungeheuer müde machen!

Denksport ist Breitensport!

Unabhängig von rassebedingten und individuellen Unterschieden unserer Hunde: Knobelspiele gehören zu den Hobbies, die ausnahmslos **alle Hunde** begeistern. Zum einen liegt es in der Natur des Hundes, sich Futter mit geschicktem Schnauzen- oder Pfoteneinsatz zu erarbeiten. Zum anderen laufen auch sehr eigenständige oder vermeintlich schwer motivierbare Vertreter beim Knobeln oft zu ungeahnten Höchstformen auf: Das Tüfteln und Problemlösen entspricht perfekt ihrem Naturell. Es gibt sogar Versuche, die zeigen, dass solche Hunde sich lieber ein Stück Futter aus einer Denksportapparatur herausarbeiten als es „einfach so“ zu nehmen!

Knobelnder Hund – psychisch gesund

Hätten Sie das gedacht: Ihr Hund knackt spielerisch Kopfnüsse – und wird dadurch im Alltag selbstsicherer, ausgeglichener und belastbarer! Aus jeder bewältigten Herausforderung lernt er: „Was auch immer kommt – ich schaffe das!“ Ganz nebenbei werden beim Knobeln für das Überleben im Alltag so wichtige Eigenschaften wie **Problemlösefähigkeit** (geistig flexibel auf Herausforderungen des Alltags reagieren), **Ausdauer** (durchhalten und nicht frustriert oder deprimiert sein, auch wenn das Gewünschte nicht sofort eintritt) und **Widerstandsfähigkeit** (Aushalten kleiner Widrigkeiten, Misserfolge und sogar Schreckmomente) trainiert. Eine solche Förderung der psychischen Gesundheit nennen Fachleute „**Empowerment**“.

Anti-Aging für graue Zellen

Das Hundehirn ist, genau wie das menschliche Gehirn, keineswegs ein statisches Gebilde, sondern lern- und wandlungsfähig bis ins hohe Alter – und trainierbar wie ein Muskel. „Use it or lose it“ oder „**Wer rastet, der rostet**“ lautet hier die Devise. Nur, wer sich regelmäßig geistig fordert, bleibt fit im Kopf – und kann sich dadurch eine „**kognitive Reserve**“ (also quasi Hirnmasse in Reserve) zulegen. Damit lässt sich nach aktuellen Erkenntnissen sogar eine Demenz hinauszögern. Ein guter Grund, Ihrem Hund regelmäßig und bis ins hohe Alter Knobelspaß zu bieten.

Spaß an der Freude!

Apropos Spaß: Die bewältigten Herausforderungen werden Ihren Hund beflügeln und ihm eine Menge **Glücksmomente** bescheren. Und auch, wenn Ihr Vierbeiner die Probleme eigenständig löst, so sind die Knobelspiele echte **Gemeinschaftserlebnisse**, die Sie beide noch enger zusammenschweißen: Sie als sein Mensch sind mitten im Geschehen – Sie freuen sich mit Ihrem Hund, sind stolz auf ihn und feiern seine Cleverness. Außerdem weiß Ihr Hund genau, wem er es zu verdanken hat, dass ihm Knobelspaß beschert wird: nämlich Ihnen!

So kommt das Gehirn auf Touren

Denksport braucht „Neues“ – bei Hunden ist das ganz einfach – und mit Haushaltsgegenständen geradezu ideal umzusetzen. Das ist Ihr Hintergrund-Know-How für unbegrenzten Knobelspaß!

Für uns nur ein umgedrehter Karton — für den Hund ein ganz neuer Mechanismus!

Das Gehirn: Fit durch Neues!

Keine Sorge: Um sich in den Knobelspaß zu stürzen, müssen Sie nicht erst zum Gehirn-Experten werden – obwohl das Gehirn zugegebenermaßen ein echtes Wunderding ist, mit dem es sich zu beschäftigen lohnt. Für Sie ist erst mal nur eine Kerninformation wichtig: Die Spiele werden erst dann zum Denksport, wenn das Gehirn ordentlich auf Touren kommt. Und das passiert immer dann, wenn etwas **neu** und **anders** daher kommt als das Altbekannte und somit vom Gehirn nicht routinemäßig abgearbeitet werden kann.

Ein Beispiel gefällig? *Wenn Sie den Führerschein besitzen: Erinnern Sie sich noch daran, wie anspruchsvoll und komplex es war, das Autofahren zu erlernen? Eine geistige Höchstleistung, sich darauf zu konzentrieren, in welcher Abfolge Sie auf die Kupplung treten oder den Gang einlegen mussten. Nach einer Fahrstunde rauchte der Kopf. Und wie sieht das jetzt aus? Vermutlich fahren Sie mit sprichwörtlichem „Autopilot“. Sie müssen kaum noch über die Abläufe nachdenken, alles geschieht wie von selbst. Es würde allerdings blitzschnell gehen, das Autofahren zumindest für eine Zeit wieder zum Denksport werden zu lassen: Nämlich, dann wenn man Sie plötzlich an das Steuer eines Fahrzeugs für den Linksverkehr setzen würde!*

So ähnlich ist es beim Hunde-Denksport: Gehirnjogging findet statt, solange Ihr Hund noch tüftelt und knobelt. Ist der Mechanismus eines Spiels erst einmal geknackt, dann macht es zwar vielen Hunden trotzdem Freude, durch Wiederholung des Erlernten auf einfache Weise an die Belohnung zu gelangen. Aber es ist dann kein Denksport mehr! Um das Hundehirn wieder in Schwung zu bringen, müssten Sie entweder am bestehenden Spiel etwas ändern oder ein neues Spiel spielen.

Merke: Neu + anders = Denksport!

Beim Hund ist schnell alles neu!

Die gute Nachricht: Hunden Dinge neu und anders zu präsentieren ist viel einfacher als bei uns Menschen! Das kommt daher, dass Hunde sehr **detailverliebt** lernen. Sie sind Weltmeister darin, kleinste Feinheiten zu verknüpfen – und unglaublich schlecht im Verallgemeinern. Was das genau bedeutet, haben Sie bestimmt schon einmal im Alltag mit Ihrem Hund erfahren!

Kennen Sie das? *Sie haben einen neuen Trick zuhause eingeübt und wollen ihn jetzt auf dem Hundeplatz zeigen – aber dort wirkt Ihr Hund so, als würden Sie etwas völlig Unbekanntes von ihm verlangen. Dabei haben Sie nur die Übungsumgebung gewechselt. Oder: Bislang haben ausschließlich Sie mit Ihrem Hund das „Sitz!“ geübt. Nun probiert ein anderes Familienmitglied die Übung mit Ihrem Hund aus – aber der Hund scheint nicht zu verstehen, worum es geht.*

Verändert sich nur ein kleines Detail gegenüber dem Erlernten (oft: die Übungsumgebung, die beteiligte Person, die Körperhaltung des Menschen), löst das zumindest vorübergehend Unverständnis aus. Worüber wir im Alltagstraining stöhnen, ist für den Knobelspaß perfekt!

Hirntrainer im Haushalt

Sie merken schon: Das Hundehirn regelmäßig mit Neuem zu füttern, ist wichtig, aber gar nicht schwer. Und erst recht nicht teuer! Denn das ideale Zubehör dafür sind **Alltags- und Haushaltsgegenstände**. Becher, Eimer, Kartons, Papprollen oder sogar Möbelstücke sind in verschiedensten Formen und Größen verfügbar, vielfältig wandelbar und bunt untereinander zu immer neuen Herausforderungen kombinierbar. Und wenn Sie sie tatsächlich „durchgespielt“ haben, dann führen Sie sie einfach wieder ihrem ursprünglichen Verwendungszeck zu. Aber seien Sie sicher – das könnte länger dauern als Sie denken. Denn eine erwünschte Nebenwirkung dieses Buches ist es, dass nicht nur Ihr Hund, sondern auch Sie selbst immer kreativer werden, in immer mehr Dingen ein Spiel sehen und auch Ihre altbekannten Spiele mit ein paar kleinen Veränderungen zu neuen Denksport-Ehren kommen lassen können.

Knobelkisten-Gebrauchsanweisung

Lesen und loslegen, so lautet die Devise! Mit diesen Tipps klappt's besonders gut! Überfliegen Sie sie jetzt – und schauen Sie noch einmal genau hin, wenn beim Spielen Fragen auftauchen.

Mit welchen Spielen fange ich an?

Sie können sich **nach Lust und Laune** durch das Buch spielen und ausprobieren, was Ihnen gefällt. Sollten für ein Spiel besondere Vorkenntnisse hilfreich sein, so ist dies in der Spielanleitung vermerkt, meist ist das aber nicht der Fall. Wenn Sie eine Spielidee interessant finden, aber Zweifel daran haben, ob Ihr Hund den Mechanismus knacken kann – vielleicht weil er „nie etwas mit der Schnauze" oder „nie etwas mit der Pfote" macht: Machen Sie sich darüber keine Gedanken! Wenn Ihr Hund genau weiß „Da ist Futter (oder ein Spielzeug) und die Chancen sind gut, dranzukommen", dann wird er wie von selbst all seine Werkzeuge einsetzen. Wie Sie Ihrem Hund diese Gewissheit vermitteln, erfahren Sie in den Anleitungen.

Sieht kompliziert aus, geht aber völlig ohne Vorkenntnisse!

Tüfteln oder Schritt für Schritt?

Egal, welches Spiel: Für die Basisvariante gibt's immer eine ausführliche Schritt-für-Schritt-Anleitung. Dadurch können auch Denksport-Einsteiger sofort Erfolge feiern. Ist Ihr Hund jedoch schon ein Knobel-Profi, lassen Sie ihn ruhig zunächst ohne Schritt-für-Schritt-Aufbau tüfteln. Gelingt es ihm nicht, durch eigenes Überlegen und Ausprobieren den Spielmechanismus zu knacken, können Sie immer noch Schritt für Schritt vorgehen. In welcher Liga Ihr Hund spielt und wie kleinschrittig Sie vorgehen müssen, erfahren Sie im **Knobeltest** auf Seite 18!

Im Zweifelsfall mit Fünfer-Regel

Falls Sie sich fragen, wie schnell Sie voranschreiten können, wenn Sie eine Anleitung Schritt für Schritt absolvieren – gar nichts verkehrt machen können Sie mit der **Fünfer-Regel:**
Sie absolvieren jeden Schritt 5 Mal direkt hintereinander.

- Wenn davon 4-5 Erfolge zu verzeichnen sind, können Sie zum nächsten Schritt übergehen.
- Zählen Sie lediglich 3 Erfolge, starten Sie in diesem Schritt weitere 5 Versuche und werten dann erneut aus.
- Verzeichnen Sie nur 0-2 Erfolge, müssen Sie mindestens einen Schritt zurück!

Alternativ merken Sie sich einfach: Weiter geht's erst, wenn der bisherige Schritt mühelos klappt.

In einem durch oder in Etappen?

Ob Sie ein Spiel vom ersten bis zum letzten Schritt in einer einzigen Spieleinheit durchspielen, hängt davon ab, wie groß die Herausforderung für Ihren Hund ist. Wenn Sie mehrere Einheiten für ein Spiel brauchen, dürfen Sie sich darüber sogar freuen: Dann ist der Beschäftigungseffekt besonders hoch – und Sie müssen sich nicht jedes Mal ein neues Spiel ausdenken!

Hilfestellung durch Kommandos?

Ihr Hund kann bereits „auf Kommando" Dinge in die Schnauze nehmen oder die Pfote geben – aber er kommt gerade nicht auf die Idee, den Mechanismus eines Spiels unter Zuhilfenahme genau dieser Werkzeuge zu knacken? Könnten Sie ihm da nicht mit dem vertrauten Signal (zum Beispiel „Nimm's" oder „Pfote") auf die Sprünge helfen? Klar könnten Sie. Allerdings wäre dann auch der Knobel-Effekt dahin und Sie würden Ihrem Hund die komplette Kopfarbeit abnehmen. Deshalb: Widerstehen Sie lieber der Versuchung und lassen Sie Ihren Hund **selber denken**.

Übrigens: Bei den Denksportspielen gibt es meist nicht DEN Königsweg. Lassen Sie sich überraschen, welche Technik Ihr Hund entwickelt – und ob er das Problem zum Beispiel mit der Schnauze oder mit der Pfote löst.

Wie genau loben und belohnen?

Keine Sorge: Für das im Hundetraining so wichtige gute **Timing** ist bei den Spielen wie von selbst gesorgt! Wann immer Ihr Hund erfolgreich ist, wird er die Belohnung sofort vor der Nase haben. Punktgenaues „Markieren" beziehungsweise Vertrautsein mit Clicker und Co. ist deshalb bei den Knobelspielen nicht nötig. Dafür dürfen Sie die erfolgreichen Bemühungen Ihres Hundes gerne mit viel von Herzen kommendem Lob begleiten. Wenn Sie es schaffen, sich ehrlich mit Ihrem Hund über jede noch so kleine oder auch große bewältigte Herausforderung zu freuen, dann ist das ideal.

Elegant nachladen

Wenn Sie und Ihr Hund die Schritt-für-Schritt-Anleitungen durchspielen, dann absolvieren Sie meist mehrere Wiederholungen in zügiger Abfolge hintereinander. Für jede Wiederholung bestücken Sie das Spiel neu mit Futter oder Spielzeug. Je weniger Sie dabei den Spielfluss unterbrechen, umso schneller lernt Ihr Hund.

Ihr Vierbeiner ist sehr zappelig und bedrängt Sie beim „Nachladen"? Wenn er schon ein zuverlässiges **„Bleib"-Signal** beherrscht, können Sie ihn damit zum Abwarten auffordern. Ist er noch nicht so weit, nehmen Sie das Spiel zum Bestücken einfach kurz hoch – und damit aus der Hunde-Reichweite.

Was Sie vermeiden sollten: den ungestümen Vierbeiner mit einem Abbruchsignal in die Schranken zu weisen. Der Hund könnte sonst meinen, das gesamte Spiel wäre verboten – und macht dann gar nichts mehr damit! Wenn Sie bei sehr stürmischen Vertretern einfach darauf achten, dass Sie das Spiel erst dann wieder heruntersetzen, wenn zumindest **alle Viere auf dem Boden** sind oder Ihr Hund sich sogar unaufgefordert setzt, wird bald alles wie von selbst ruhiger verlaufen.

Selbstständig – aber nicht allein!

Auch wenn selber denken Trumpf ist: Genau wie die meisten käuflichen „intelligenten“ Hundespiele sind die Knobelspiele aus Haushaltsgegenständen nicht dafür ausgelegt, dass Sie Ihren Einstein damit alleine lassen. Die Gefahr, dass er den „direkten Weg“ nimmt und das Spiel in seine Bestandteile zerlegt, anstatt den filigranen Mechanismus zu ertüfteln, wäre zu groß – erst recht, wenn Ihre Denksportgeräte in Form von Bechern, Keksverpackungen oder Chipsdosen daher kommen. Nicht nur zur Aufsicht und natürlich zum Anfeuern ist Ihr **Dabeisein** wichtig: Oft können Sie Ihrem Hund durch das gezielte Platzieren oder Festhalten der Gerätschaften dabei helfen, den Mechanismus des Spiels noch besser zu ergründen.

Denksport in guter Dosis

Denken ist anstrengend! Wenn Ihr Hund voll konzentriert bei der Sache ist und ständig knobelt und probiert, dann reichen **ein paar Minuten** aus, um ihn zu erschöpfen. Länger sollten Ihre Spieleinheiten nicht dauern. Wenn Ihr Hund danach in etwas aufgekratzter Partystimmung ist und Schwierigkeiten hat, zurück in die Ruhe zu finden, geben Sie ihm nach dem Denksport gerne etwas zu kauen (beispielsweise einen gefüllten Kong oder einen Trocken-Kauartikel) oder lassen Sie ihn nach einer Hand voll breitflächig ausgestreuten Futter schnüffeln. Beides fördert die Entspannung.

Wie oft Sie den Knobelspaß betreiben, entscheiden Sie und Ihr Hund nach Lust und Laune: Wenn Sie beide so richtig im Spielefieber sind und gerade Zeit haben, dann darf es auch 2 Mal täglich für ein paar Minuten sein. Und wenn Sie nur alle paar Tage oder einmal im Monat in Spiellaune sind, ist das auch in Ordnung!

Bei allem, was Sie Ihrem Hund bieten, bedenken Sie stets: Um ausgeglichen zu sein, braucht er nicht nur einen gesunden Mix aus Kopf- und Körperarbeit, sondern dazwischen stundenlange Phasen der Entspannung! Mit 15-20 Stunden pro Tag ist das Ruhe- und Schlafbedürfnis von Hunden viel höher als das von uns Menschen!

Spezial

Futter oder Spielzeug?

Bei den Knobelspielen geht es darum, dass Ihr Hund Strategien entwickelt, um an ein auf Anhieb unerreichbares Motivationsmittel zu gelangen. Das kann Futter oder ein Lieblingsspielzeug sein.

Warum oft Futter die erste Wahl ist

In vielen Fällen bietet sich der Einsatz von Futter an: Futterbröckchen sind viel kleiner als Spielzeug – und von daher besser in den Denksportgeräten zu verstauen. Zudem unterbricht Futter die Konzentration beim Knobeln deutlich weniger als Spielzeug, das immer erst „bespielt“ und dann dem Hund wieder weggenommen werden muss, bevor es weiter gehen kann. Gerade, wenn Sie im Schritt-für-Schritt-Aufbau vorgehen und in zügiger Abfolge einen Versuch nach dem anderen absolvieren, dann geht das **mit Futter viel besser** als mit Spielzeug. Sich einen Teil der Tagesration durch Problemlösen zu erarbeiten, ist zudem eine sehr naturnahe Beschäftigung, von der alle Hunde profitieren.

Und wann passt Spielzeug?

Ihr Hund ist ein absoluter Spielzeug-Fan und Sie haben ihn außerdem im Knobeltest (s. Seite 18) als fortgeschrittenen „Profi“ identifiziert? Dann werden Sie weniger im Schritt-für-Schritt-Aufbau vorgehen, sondern Ihren Hund mehr knobeln und ausprobieren lassen. In diesem Fall bietet es sich an, statt Futter gelegentlich das Lieblingsspielzeug an einem für den Hund nur schwer erreichbaren Ort zu verstauen. Das verlangt viel mehr Köpfchen als einem geworfenen Spielzeug hinterherzujagen.

Keine Angst vorm dicken Hund!

Wer im kleinteiligen Schritt-für-Schritt-Aufbau Denksport betreibt, mit einer schnellen Abfolge von Wiederholungen hintereinander, der kann dabei locker auf 10 Futterbestätigungen pro Minute kommen. 5 Minuten Knobeln heißt dann 50 Futterbröckchen! Wer Trockenfutter füttert, hat es leicht und verwendet einfach einen Teil der Tagesration für den Knobelspaß. Für alle, die feucht, roh, frisch und/oder selbstgekocht füttern und spezielle Trainingshappen benötigen: Brechen oder schneiden Sie Ihre Leckerbissen auf **Erbsengröße**. Das reicht völlig aus und geht nicht auf die schlanke Linie. Es gibt zudem jede Menge Hundekeks-Rezepte, bei denen Sie während des Backvorgangs die Teigplatte mit dem Pizzaschneider auf die gewünschte Keksgröße zuschneiden können. Eines davon finden Sie hier:

Knobelhappen selbst gebacken

Sie brauchen:

- 125g Leberwurst
- 1 Ei
- 450 g Mehl
- 150 g pürierte Möhren (alternativ: ein Möhren-Babygläschen)
- 50 ml Öl
- 50 ml Wasser

So geht's:

1. Alle Zutaten in eine Schüssel geben und mit dem Mixer kneten. Der Teig sollte geschmeidig und nicht klebrig sein, ggf. Wasser oder Mehl beim Kneten hinzufügen.
2. Backblech mit Backpapier auslegen.
3. Den Teig etwa 0,5 cm dick auf dem Backblech ausrollen.
4. Bei 175 Grad (Umluft) backen. Das Backblech nach 5-8 Minuten aus dem Ofen holen und die Teigplatte mit einem Pizzaschneider auf die gewünschte Keksgröße schneiden. Dadurch werden auch sehr kleine Happen mühelos möglich.
5. Das Backblech wieder in den Ofen schieben und weitere 22–25 Minuten backen lassen.
6. Kekse im Ofen abkühlen lassen, damit sie hart und haltbar werden

Der Pizzaschneider schneidet die Happen winzig klein.

Test: In welcher Liga spielt Ihr Hund?

Ist Ihr Hund absoluter Denksport-Starter, Azubi oder bereits ein Knobelprofi? Mit diesem Test finden Sie es heraus – und sorgen dafür, dass er bei den Spielen auf seine Kosten kommt!

Test – wieso Test?

Vorab: In diesem Test ist **Durchfallen unmöglich**! Denn für den Spaß, den Sie und Ihr Hund mit den Knobelspielen haben, spielt es keine Rolle, ob Ihr Vierbeiner bereits ein versierter Tüftler ist oder überhaupt noch keine Knobel-Erfahrung hat. Allerdings: Wenn Sie wissen, wo er steht, dann hilft Ihnen das bei der Herangehensweise an die Spiele. Es fällt Ihnen damit leichter, alles so zu gestalten, dass Sie Ihren Hund weder über- noch unterfordern – und dass er maximal von den Spielen profitiert.

Zubehör

Sie brauchen:

- 1 Eimer (wenn Ihr Hund einer Mini-Rasse angehört: einen Kinder-Eimer oder einen entsprechenden Plastikblumentopf)
- 1 Klopapier-Papprolle
- 1 Hundekeks, den Ihr Hund gerne mag.

So geht's:

1. Zuerst lesen Sie die Schritte 1 bis 5 einmal durch – damit Sie „Plan B" schon kennen, wenn der Erfolg sich nicht auf Anhieb einstellt. Wir wollen Ihren Hund zwar testen, ihn aber nicht frustrieren.
2. Dann stellen Sie den Eimer mit der Öffnung nach unten neben sich auf den Boden. Die Papprolle bewahren Sie griffbereit in der Nähe auf.
3. Zeigen Sie Ihrem Hund den Hundekeks. Lassen Sie den Leckerbissen dann vor seinen Augen unter dem Eimer verschwinden.
4. Ermuntern Sie Ihren Hund, sich den Keks zu holen.
5. Beobachten Sie, was Ihr Hund macht und kreuzen Sie an, in welchem der drei folgenden „Typen" Sie Ihren Hund am ehesten wiederfinden:

☐ Der **Starter**: Ihr Hund ist überwiegend passiv. Er schnuppert allenfalls kurz am Eimer. Merkt er jedoch, dass er auf direktem Weg keinen Erfolg hat, probiert er erst gar nicht weiter, an den Leckerbissen heranzukommen. Möglicherweise schaut er Sie an und „fragt" um Hilfe – oder er friert regelrecht ein oder geht weg. Problemlösefähigkeit, Ausdauer und Widerstandsfähigkeit sind gering.

Bevor Sie weiterlesen: *Um Ihrem Hund nicht mit dem Gefühl „Ich schaffe das nicht“ alleine zu lassen, tauschen Sie den Eimer schnell gegen eine Toilettenpapier-Papprolle aus. Diese ist leicht und geräuschlos beiseite zu schubsen und durch die Öffnung ist das Futter stets zu riechen und zu sehen. Wenn Sie zusätzlich die Rolle so platzieren, dass sie das Stück Futter nicht ganz bedeckt (die Kante der Rolle steht dabei auf dem Futter) wird Ihr Hund garantiert sofort Erfolg haben!*

☐ Der **Azubi**: Ihr Hund probiert eine Weile, an den Leckerbissen heranzukommen, gibt aber auf, ehe er es geschafft hat? Oder er braucht mehrere Ermunterungen Ihrerseits, um dann doch weiterzumachen? Problemlösefähigkeit, Ausdauer und Widerstandsfähigkeit sind auf mittlerem Level.

Bevor Sie weiterlesen: *Sorgen Sie – falls es Ihrem Hund nicht bereits selbstständig gelungen ist – für das abschließende Erfolgserlebnis: Legen Sie den Hundekeks so unter den Rand des Eimers, dass der Eimer etwas hochsteht und der Keks darunter hervorschaut. Damit wird Ihr Hund gut klarkommen.*

☐ Der **Profi**: Der Hund probiert ausdauernd und ohne weitere Aufforderungen, bis er das Problem gelöst hat. Er wendet verschiedene Strategien an und lässt sich auch von kleinen Misserfolgen oder sogar Schreckmomenten nicht aus der Bahn werfen. Problemlösefähigkeit, Ausdauer und Widerstandsfähigkeit sind hoch.

Bevor Sie weiterlesen: *Freuen Sie sich mit ihm!*

Wieso gibt es Unterschiede?

Bevor wir schauen, was Sie aus den Test-Ergebnissen für die Knobelspiele mitnehmen können, sollten Sie eines wissen:

Wie Ihr Hund sich beim Knobeltest angestellt hat, sagt nichts über seine Intelligenz aus!

Generell sind Hunde in den mindestens 15 Jahrtausenden des Zusammenlebens mit uns Menschen schlechter im Problemlösen geworden als ihre wilden Vorfahren. Sie brauchen es für ihr Überleben schlichtweg weniger. Im Zweifelsfall wird der Sozialpartner Mensch „gefragt“. Dass ein Hund also nicht lange selbst tüftelt, ist zunächst einmal normal. Warum die Test-Ergebnisse dennoch unterschiedlich ausfallen? Dafür gibt es gute Gründe!

Unterschiede in der Rasse

Da sind zunächst einmal rassebedingte Unterschiede – und hier lauert oft die Überraschung: Wenn Sie fassungslos mit ansehen müssen, wie Ihr cleverer Border Collie sich anfangs schwerer tut als Opas untrainierter Dackel, dann ist das alles andere als unlogisch. Denn: Je „eigenständiger“ der Hundetyp, umso mehr liegt ihm das Problemlösen im Blut!

Auch die Vorgeschichte macht‘s

Auch die individuelle Vorgeschichte Ihres Hundes spielt eine Rolle: Gar nicht mal so unwahrscheinlich, dass sich der ehemalige Streuner aus dem Süden, der auf der Straße selbst für sein Überleben sorgen musste, auf Anhieb als Denksport-Ass entpuppt. Solche Probleme musste der von Welpenbeinen an liebevoll umsorgte Familienhund natürlich niemals lösen (und das ist auch gut so!). Auch, ob Ihr Hund mutig oder schüchtern ist, wirkt sich darauf aus, wie er mit neuen Herausforderungen umgeht. Dazu kommen die Knobel-Vorerfahrungen Ihres Vierbeiners: Wer Denksport gewohnt ist, weiß, wie man an neue Spiele herangeht!

Alle können Profis werden!

Was sämtliche Hunde gemeinsam haben: Sie alle können zu versierten Tüftlern werden und die Karriereleiter vom Starter über den Azubi bis zum Knobelprofi erklimmen. Lesen Sie nach, wie Sie jeden Typ besonders fördern können. Und seien Sie sicher: Es lohnt sich! Machen Sie aus Ihrem Hund einen Problemlöser – und genießen Sie nicht nur die spannende Beschäftigung, sondern profitieren Sie auch von den vielfältigen positiven Nebenwirkungen auf die psychische Gesundheit und Alltagstauglichkeit Ihres Vierbeiners.

„Frauchen, was soll ich tun?“ Dass Hunde „fragen“ statt loszuknobeln, ist anfangs normal.

Selbstständiges Knobeln ohne Hilfe des Menschen ist das Ziel.

Das Knobel-Förder-programm

Ob Sie in Ihrem Hund den Starter, den Azubi oder den Profi wieder erkannt haben – mit diesen Tipps fördern Sie ihn optimal:

Der Starter

Mit dem Starter arbeiten Sie sich akribisch durch die Schritt-für-Schritt-Anleitungen – am besten von Anfang an nach der Fünfer-Regel (siehe Seite 13). Bei sehr schüchternen oder besonders passiven Hunden dürfen es statt der beschriebenen fünf sogar zehn oder mehr Wiederholungen pro Schritt sein. Der Starter braucht ein Erfolgserlebnis nach dem anderen – im Idealfall ist anfangs keiner seiner Versuche erfolglos. Nach dem Motto „Es gibt keine zweite Chance für den ersten Eindruck" muss vor allem der allererste Versuch garantiert gelingen – Sie können den Einstieg also gar nicht zu leicht machen! Besonders gut geeignet für den Start in die Knobelkarriere ist die „Hütchenspielschule“ (siehe Seite 26) mit den darauf aufbauenden Varianten. Selbst wenn Ihr Hund ein Spielzeug-Fan ist: Arbeiten Sie vorzugsweise mit Futter, damit viele schnelle Wiederholungen möglich sind.

Der Azubi

Mit dem Azubi orientieren Sie sich zunächst an den Schritt-für-Schritt-Anleitungen. Wenn Sie sehen, dass er sich mit einem Schritt sehr leicht tut, gehen Sie direkt zum nächsten über. Sobald Sie an einen Schwierigkeitsgrad geraten, an dem Ihr Hund Sie häufiger um Hilfe „fragt“ oder Ihre Ermutigung braucht, um weiterzumachen, orientieren Sie sich an der Fünfer-Regel (siehe Seite 13). Ziel für den Azubi ist es, dass er sich daran gewöhnt, **ausdauernd und ohne „Rückfragen“** so lange zu knobeln, bis er das Ziel des jeweiligen Schrittes erreicht hat. Mit welchem der Spiele Sie loslegen, spielt keine Rolle. Auch für den Azubi ist Futter als Motivationsmittel die erste Wahl.

Der Profi

Dem Knobelprofi dürfen Sie eine Menge Abwechslung und einiges an Herausforderung bieten. Nehmen Sie sich vorzugsweise Spiele oder Spiel-Varianten vor, die er noch nicht kennt. Machen Sie sich mit der Spielidee vertraut, setzen Sie die Tipps zur Vorbereitung um – und dann lassen Sie Ihren Vierbeiner **zunächst ohne Schritt-für-Schritt-Aufbau** knobeln. Schafft er es einmal nicht, den Spiel-Mechanismus selbstständig zu knacken, steigen Sie auf den Schritt-für-Schritt-Aufbau um. Knobelt er sehr lange, bis er die Lösung hat, geben Sie ihm Gelegenheit, das gerade Gezeigte ein paar Mal zu wiederholen und so immer sicherer zu werden. Ist der Mechanismus hingegen schnell und mühelos geknackt, dann wechseln Sie direkt zu den jeweils beschriebenen Varianten und spielen eine nach der anderen durch. Wenn Sie möchten, schulen Sie parallel dazu Ihre Kreativität: Überlegen Sie nach dem Sichten der Basisanleitung erst selbst, welche Variationen sich ergeben könnten, ehe Sie weiterlesen – und werden Sie so immer fitter darin, neue Herausforderungen für Ihren Knobelprofi zu kreieren.

Testen? Gerne wieder!

Sie haben Ihren Hund ursprünglich als Starter oder als Azubi eingestuft? Und haben nach einigen absolvierten Spielen das Gefühl, dass er auf dem besten Weg ist, die Knobel-Karriereleiter nach oben zu erklimmen? Wenn Sie mögen, wiederholen Sie den Test dann noch einmal – und schauen, wo Ihr Hund jetzt steht und welche Förderung er nun braucht. Lassen Sie dafür den Keks anstelle unter dem Eimer unter einem anderen Objekt verschwinden, zum Beispiel unter einem umgedrehten Küchendurchschlag oder einem Wäschekorb.

Wunderwelt
der Hütchenspiele

Hütchenspielschule

Der Knobelspaß

1 simple Grundidee, 1000 Möglichkeiten – und der Türöffner in die Welt der Knobelspiele: Sie lassen ein Stück Futter unter einem Becher verschwinden, den Ihr Hund dann umwirft oder beiseite schubst.

Voraussetzungen

- keine

Zubehör

- 1 Becher (beispielsweise Kunststoff-Trinkbecher)
- 1 Wolldecke als Unterlage, alternativ großes Handtuch oder hochfloriger Teppich
- genügend kleine Futterbröckchen

Schritt für Schritt

So positionieren Sie den Becher, ehe Sie vor den Augen des Hundes jeweils ein Stück Futter darunter verschwinden lassen und Ihren Vierbeiner dann auffordern, es sich zu holen:

1. Legen Sie die Decke locker auf den Boden, so dass sie ein paar Falten wirft. Stellen Sie den Becher so darauf ab, dass er schon bei kleinster Berührung umfällt. Beachten Sie, dass das Futter darunter sicht- und riechbar ist.
2. Ziehen Sie die Decke Stück für Stück glatter: Wenn die Falten langsam verschwinden, wird es schwerer, den Becher umzuwerfen. Platzieren Sie das Futter zunächst so, dass es nur halb vom Becher verdeckt wird (die Kante des Bechers steht dabei auf dem Futter).
3. Lassen Sie das Futter komplett unter dem Becher verschwinden.
4. Jetzt wechseln Sie auf glatten Boden (glatter Teppich, Parkett, Fliesen etc.): Platzieren Sie den Becher zunächst knapp neben der Decke und in der Nähe anderer seitlicher Begrenzungen, zum Beispiel in der Zimmerecke oder an einem Möbelstück. Er bleibt so leichter „hängen“ und fällt schneller um, als wenn ihn Ihr Hund direkt in die Weiten des Raumes schiebt.
5. Platzieren Sie den Becher ganz ohne Decke und seitliche Begrenzungen auf glattem Boden mitten im Raum.

Viele Hunde freuen sich über eine Starthilfe: mit nur halb abgedecktem Futter und einem leicht und leise umkippenden Becher.

Hauptsache erfolgreich!

Lassen Sie sich überraschen, welche Technik Ihr Hund entwickelt. Ob er den Becher mit der Schnauze wegschiebt oder ihn mit einem Pfotenhieb umkippt: Alles ist richtig! Wenn Ihr Hund besonders schüchtern oder besonders wild zu Werke geht, steigen Sie auf eine der beiden Varianten um!

Variationen

Für Schüchterne

Ihr Hund gehört zu den ganz Ängstlichen oder Passiven und wagt sich selbst an einen kleinen Plastikbecher nicht heran? Dann sollten Sie ihm erst recht einen Einstieg in die Welt der Knobelspiele ermöglichen, denn daran wird er wachsen! Geeignete „Start-Hütchen" in der Hütchenspielschule sind (in der Reihenfolge des Schwierigkeitsgrads):

- ein zusammengeknülltes Papiertaschentuch, das Sie locker auf ein Stück Futter legen,
- eine Klopapier-Papprolle, die leicht und geräuschlos umfällt und durch deren Öffnung das Futter zu sehen und zu riechen ist – dabei können Sie zunächst mit ⅓ oder ½ Rolle beginnen –,
- ein transparentes Plastik-Schnapsglas,
- ein transparenter Trinkbecher.

Arbeiten Sie sich mit jedem dieser „Hütchen" durch die Schritt-für-Schritt-Anleitung der Hütchenspielschule. Danach können Sie mit einem „normalen" Becher weitermachen.

Für Temperamentsbolzen

Ihr Hund ist so temperamentvoll, dass er den Plastik-Trinkbecher schlichtweg überrennt? Dann starten Sie von vornherein mit größeren Hütchen. Geeignet für die Temperamentsbolzen sind zum Beispiel

- ein Eimer oder ein
- Büro-Papierkorb.

Damit durchlaufen Sie ganz normal die Schritt-für-Schritt-Anleitung der Hütchenspielschule. Sie werden sehen: Diese Hütchen werden nicht einfach umgerannt, sondern Ihr Hund wird daran genau so zu arbeiten haben, wie seine weniger temperamentvollen Artgenossen am Einstiegs-Trinkbecher.

Keine Frage der Größe!

Mit welcher Variante Ihr Hund in die Hütchenspielschule einsteigt, ist keine Frage der Körpergröße, sondern wird allein von Mut, Aktivität und Temperament bestimmt!

Für Fortgeschrittene

Ihr Hund hat den Dreh raus – und beherrscht die Technik an einem Hütchen perfekt? Dann bringen Sie mehrere Hütchen ins Spiel, die Sie beispielsweise in einer Reihe oder in einem Kreis nebeneinander aufstellen. Legen Sie zu Beginn unter jedes Hütchen ein Futterbröckchen. Reduzieren Sie die Anzahl der Hütchen, die mit Futter bestückt sind – bis hinterher nur noch unter einem der aufgestellten Hütchen Futter zu finden ist.

Hütchen-Kreativwerkstatt

Der Knobelspaß

Der Alltag ist voll mit Hütchen verschiedenster Formen und Standflächen – und jedes verlangt von Ihrem Hund eine etwas andere umwerfende Strategie. Entwickeln Sie einen Blick dafür – und der Knobelspaß hört nie auf!

Voraussetzungen

- Abschluss der Hütchenspielschule (siehe Seite 26)

Zubehör

- 1 Hütchen mit anderer Form und/oder anderer Standfläche als der bekannte Becher: beispielsweise umgedrehte Schüsseln, Kartons oder Kisten verschiedener Größe und Form, eine umgedrehte flache Frischhaltebox, ein Klarsichtdeckel eines großen Joghurtbechers, eine stehende Toilettenpapierrolle (mit aufgewickeltem Papier), etc.
- genügend kleine Futterbröckchen

Schritt für Schritt

1. Wählen Sie ein Hütchen aus, das Ihr Hund bislang noch nicht ausprobiert hat. Lassen Sie vor den Augen Ihres Hundes ein attraktives Stück Futter darunter verschwinden. Fordern Sie Ihren Hund auf, sich das Futter zu holen.
2. Beobachten Sie, was passiert, und reagieren Sie entsprechend:
   a) Ihr Hund wirft das neue Hütchen routiniert um und ist sofort damit fertig? Dann loben Sie ihn dafür und probieren Sie, ob Sie durch einen Wechsel des Untergrundes (beispielsweise von Teppich auf Parkett) den Knobelfaktor erhöhen können. Falls nicht, tauschen

Der Blick fürs Detail

Was sehen Sie auf diesem Bild? Ein paar Schüsseln? Oder Hunde-Denksportgeräte, die durch unterschiedliche Größe und Form jedes Mal eine etwas andere Strategie erfordern? Wenn letzteres der Fall ist: Herzlichen Glückwunsch, Sie sind auf dem besten Weg, Spieleerfinder zu werden!

Sie das Hütchen gegen ein anderes Modell aus und schauen Sie, ob Ihr Hund damit mehr gefordert ist.

b) Ihr Hund braucht einen Moment, bis er das Problem selbstständig löst? Wunderbar, genau dann ist es Gehirnjogging! Geben Sie ihm durch ein paar Wiederholungen die Gelegenheit, die neu erlernte Strategie an diesem Hütchen zu vertiefen.

c) Ihr Hund kommt nicht selbstständig zum Erfolg? Dann freuen Sie sich über die Herausforderung – und durchlaufen mit dem neuen Hütchen sofort den in der Hütchenspielschule beschriebenen Schritt-für-Schritt-Aufbau (siehe Seite 26).

3. Wenn Sie irgendwann (in verschiedenen Spieleinheiten) mehrere Hütchen mit unterschiedlichen Standflächen durchprobiert haben: Stellen Sie sie nebeneinander auf, bestücken Sie zunächst jedes mit Futter und lassen Sie Ihren Hund daran tüfteln.

Hütchen-Riesen

Der Knobelspaß

Jetzt wachsen die Anforderungen – im wahrsten Sinne des Wortes! Fordern Sie Ihren Hund durch immer größer werdende Hütchen heraus! Der Becher wird zum Eimer, der Eimer zum Garten-Laubsack – und so weiter.

Voraussetzungen

- Abschluss der Hütchenspielschule (siehe Seite 26)

Zubehör

- 1 oder mehrere Hütchen, die deutlich größer sind als die Art von Hütchen, die Ihr Hund bisher bewältigt hat, zum Beispiel umgedrehte Eimer, Wäschekörbe, Kunststoff-Stapelboxen, sehr große Kartons, Garten-Laubsäcke
- genügend kleine Futterbröckchen

Schritt für Schritt

1. Platzieren Sie das deutlich größere Hütchen vor Ihrem Hund. Lassen Sie vor seinen Augen ein attraktives Stück Futter darunter verschwinden. Fordern Sie Ihren Hund auf, sich das Futter zu holen.
2. Beobachten Sie, was passiert, und reagieren Sie entsprechend:
   a) Das größere Hütchen beeindruckt Ihren Hund überhaupt nicht und er wirft es sofort um oder kommt schnell durch Wegschubsen des Hütchens an das Futter? Freuen Sie sich darüber – und probieren Sie dann, ob ein Wechsel des Untergrunds (beispielsweise von Teppich auf Parkett) Ihren Hund in Sachen technisches Geschick und/oder Mut noch mehr herausfordert. Falls nicht, schauen Sie, ob Sie ein noch größeres Hütchen auftreiben können.

Spielarten

Spielen Sie mit den Besonderheiten der eingesetzten Gegenstände: Bei diesem transparenten Hütchen-Riesen wurde das Futter (hier: etwas Käse) zur Abwechslung auf die Unterseite „geklebt“. Gut sichtbar, aber ohne Umdrehen des Hütchens nicht erreichbar.

b) Ihr Hund tüftelt eine Weile daran, bis er das große Hütchen selbstständig bewältigt? Sehr gut! Geben Sie ihm durch ein paar Wiederholungen die Gelegenheit, die neu erlernte Strategie an diesem Hütchen zu vertiefen. Wenn Sie mögen, probieren Sie dann einen anderen Untergrund aus und schauen Sie, ob sich dies auf Schwierigkeitsgrad und Technik auswirkt. Und vielleicht gibt es ja auch ein noch größeres Hütchen, dem Sie sich als Nächstes widmen können?

c) Ihr Hund kommt nicht selbstständig zum Erfolg? Nehmen Sie die Herausforderung an – und durchlaufen Sie mit dem Hütchen-Riesen den in der Hütchenspielschule beschriebenen Schritt-für-Schritt-Aufbau (siehe Seite 26). Sollten Sie trotzdem das Gefühl haben, das Hütchen ist eine Nummer zu groß: dann wechseln Sie vorübergehend auf eine „Zwischengröße“.

Hütchen-Brettspiele

Der Knobelspaß

Eben noch ein Blumentopftray oder eine Papp-Palette, jetzt ein schickes Hunde-Brettspiel: Legen Sie Futter in die Aussparungen, decken Sie es mit passenden Hütchen ab – fertig ist der Knobelspaß!

Voraussetzungen

- keine

Zubehör

- 1 Blumentopftray aus dem Gartencenter, alternativ ähnlich geformte (wenngleich weniger stabile) Papp-Palette aus dem Supermarkt
- „Hütchen“, mit denen Sie die Öffnungen beziehungsweise das Futter darin abdecken können: Becher in verschiedenen Größen (wahlweise mit Öffnung nach unten oder oben), Spielzeuge, zusammengeknotete Socken, o. Ä.
- genügend kleine Futterbröckchen

Schritt für Schritt

1. Für alle folgenden Schritte gilt: Halten Sie die Palette gut fest, damit sie nicht hin- und herrutscht, wenn Ihr Hund daran aktiv ist!
2. Lassen Sie Ihren Hund zunächst ein paar Futterbröckchen aus der noch unbestückten Palette fressen. Er lernt so, wo das Futter in diesem Spiel zu finden ist.
3. Um die Technik einzuüben, starten Sie mit nur einem Hütchen: Bestücken Sie eine der Aussparungen mit Futter. Legen Sie dann das Hütchen so locker auf beziehungsweise über die Öffnung, dass Ihr Hund es beim Schnüffeln nach dem Futter fast automatisch zur Seite schubst. Einen Becher zum Beispiel können Sie zunächst quer über die Öffnung legen.
4. Bringen Sie das Hütchen immer mehr in „Endposition“ – und beobachten Sie, wie Ihr Hund sich zunehmend anstrengen muss, um es aus der Aussparung zu hebeln.
5. Bringen Sie nun weitere Hütchen ins Spiel. Wenn diese eine andere Form haben und somit eine andere Technik erfordern, üben Sie sie zunächst einzeln ein und gehen Sie vor, wie in den Schritten 3 und 4 beschrieben.
6. Wenn mehrere Hütchen im Spiel sind: Bestücken Sie zunächst jedes mit Futter. Später reicht es, wenn nur unter einem der Hütchen Futter verborgen ist.

Die Palette gut festhalten, zunächst nur eine Aussparung bestücken und diese locker abdecken.

Variationen

Bälle-Solitair

Wussten Sie, dass in den Aussparungen eines Muffin-Blechs Tennisbälle passgenau Platz finden? Platzieren Sie Futter unter den Bällen – und fertig ist die Brettspiel-Variante! Besonders tolles Gehirnjogging ist dieses Spiel für Ball-Fanatiker. Sie lernen dabei, die Bälle bewusst einmal links liegen zu lassen oder sogar freiwillig beiseite zu legen. Kaum vorstellbar für Sie? Mit besonders attraktivem Futter und einem kleinschrittigen Aufbau, mit mindestens 5 Wiederholungen pro Schritt, werden Sie es schaffen:

- Stellen Sie das Muffin-Blech noch ohne Bälle auf den Boden und halten Sie es während des gesamten Spiels gut fest. Entscheiden Sie sich zunächst für ein und dieselbe Aussparung, dann lassen Sie Ihren Hund ein Futterbröckchen aus der ausgewählten Aussparung fressen – noch ohne Abdeckung.
- Decken Sie das Futter in der Aussparung locker ab – aber noch nicht mit einem Ball, sondern zum Beispiel mit einem kleinen Becher.
- Decken Sie das Futter in der Aussparung mit einem etwa tennisballgroßen Papierknäuel ab.
- Mitten im Übungsfluss, ganz beiläufig, tauschen Sie das Papierknäuel gegen einen Tennisball aus. Decken

Sie das Futter nicht ganz damit ab, sondern klemmen Sie das Futterstück zwischen den Ball und den Rand der Aussparung.

- Decken Sie das Futter mit dem Tennisball komplett ab. Wenn Ihr Hund den Ball beiseite schubst, nehmen Sie ihn direkt an sich.
- Bringen Sie nach und nach weitere Bälle ins Spiel. Unter jedem Ball liegt dabei zunächst Futter. Nehmen Sie die Bälle an sich, wenn Ihr Hund sie beiseite geschubst hat.

Hütchen-Box

Ein nach oben offener Karton und ein oder mehrere Hütchen, die passgenau hineingeklemmt werden: damit stehen Ihnen viele weitere Knobelkombinationen offen, beispielsweise

- ein umgedrehter Eimer im Karton,
- zwei kleine Pylonen nebeneinander in einem Schuhkarton,
- mehrere verschiedene Hütchen in Reihe nebeneinandergeklemmt in einer flachen länglichen Kiste,
- ....

Schauen Sie, welche Ihrer Hütchen in welche Umverpackungen passen. Experimentieren Sie mit unterschiedlichen Größen und Formen. Helfen Sie Ihrem Hund im Zweifelsfall mit einem Schritt-für-Schritt-Aufbau wie in der Basisanleitung beschrieben. Halten Sie die Kiste zunächst gut fest – so kann Ihr Hund am besten seine Technik entwickeln.

Hütchen-Turmbau

Der Knobelspaß

Keine Angst vor großen Stapeln: Wer ans Futter gelangen will, muss sich ganz schön was trauen! Der Mensch wird zum Turmbauer – und der Hund zum Abrissunternehmer.

Voraussetzungen

Abschluss der Hütchenspielschule (siehe Seite 26)

Zubehör

- ein Turm Stapelbecher (Kinderspielzeug), alternativ ein bunt zusammengesetzter Turm aus Bechern, Schüsseln, Eimern und kleinen Kartons: der größte Gegenstand unten, der kleinste oben
- genügend kleine Futterbröckchen

Vorbereitung

- Wählen Sie einen geräuscharmen Untergrund als Spielort (Teppich, Rasen, Wolldecke etc.).
- Lassen Sie Ihren Turm zunächst auseinandergebaut: Wegen „Erschreckungsgefahr" wird er nicht direkt als Ganzes ins Spiel gebracht, sondern Element für Element. Das gilt auch für geübte Tüftler!

Schritt für Schritt

1. Nehmen Sie die obersten beiden Elemente Ihres Turms. Stellen Sie das untere der beiden Elemente auf den Boden. Legen Sie vor den Augen Ihres Hundes ein Futterbröckchen oben drauf und decken Sie das Futter mit dem oberen Element ab. Wenn Ihr Hund sehr schüchtern ist, stellen Sie das obere Element so „locker" auf das Futter, dass es besonders leicht herunterzuschubsen ist. Sobald Ihr Hund diesen Mini-Turm ohne zu zögern einreißt, wechseln Sie zu Schritt 2.
2. Nehmen Sie ein drittes Element dazu. Legen Sie beim Stapeln Futter zwischen alle Ebenen.
3. Bauen Sie Ihren Turm weiter von oben nach unten auf, Element für Element, bis der Turm irgendwann komplett da steht. Legen Sie zwischen jede Ebene ein Futterbröckchen. Nehmen Sie immer erst dann eine zusätzliche Ebene dazu, wenn Ihr Hund mit der aktuellen Turmhöhe gut klar kommt. Wenn Ihr Hund nicht auf Signal warten kann, bis Sie den Turm zusammengebaut haben: Stapeln Sie ihn zunächst auf einem Tisch und setzen Sie ihn dann vorsichtig herunter.
4. Ihr Hund wirft problemlos den ganzen Turm um? Dann kann der nächste Turm höher werden: mit noch mehr Ebenen und/oder mit größeren Stapel-Elementen! Auch reicht es dann, wenn irgendwo im Turm ein einziges Stück Futter verborgen ist.

Gestartet wird mit den obersten beiden Elementen. Fügen Sie dann Etage für Etage hinzu, ehe Ihr Hund den ganzen Turm umwirft.

So wird Ihr Hund zum Helden!
Ihr Hund ist ein eher schüchterner Vertreter? Dann spielen Sie dieses Spiel erst recht. Das Selbstvertrauen wächst mit den Türmen!

Variationen

Leichtbauweise

Für eine nette Abwechslung beim Turmbau sorgt eine Packung Toilettenpapier-Rollen – mit noch aufgewickeltem Papier, versteht sich. Damit können Sie

- ganz gewagt in die Höhe bauen – viel höher, als Sie das sonst tun würden: Denn die Elemente, die Ihrem Hund dann um die Ohren fliegen, sind weich und machen auch beim Aufkommen auf dem Boden keinen Höllenlärm.
- in besonders schönen Formationen stapeln: Neben dem „Schornstein" aus übereinandergestapelten Rollen gestalten Sie doch auch einmal eine Pyramide aus stehenden oder liegenden Rollen.
- auch Ihrem geräuschempfindlichen Hund das Turm-Umwerfen schmackhaft machen.

Becher-Baukunst

Kennen Sie „Sport Stacking"? Bei dieser Geschicklichkeitssportart müssen mit mehreren gleichgroßen Plastikbechern vorgegebene Pyramiden und andere Formationen auf- und wieder abgebaut werden – und das möglichst schnell. Möglichst schnell ist bei Ihnen nicht nötig (es sei denn, es spielen Kinder mit, die Spaß daran haben) – und das Abbauen übernimmt sowieso Ihr Hund. Aber gleichartige Plastikbecher auf verschiedene Weise in die Höhe stapeln, das schafft neuen Denksportfaktor für den vierbeinigen Abrissunternehmer. Bauen Sie zum Beispiel:

- eine Pyramide wie beim Dosenwerfen – entweder mit allen Becheröffnungen nach unten oder nach oben zeigend,
- einen Stalagmiten – als hohe Säule, in der abwechselnd die Becheröffnungen nach unten und nach oben zeigen (die Öffnung des untersten Bechers zeigt dabei nach unten),
- einen mehrstöckigen Ring, alle Öffnungen nach unten zeigend.

Tower of Power

Stapelboxen sind so konstruiert, dass sie sich perfekt stapeln, aber nicht leicht umwerfen lassen. Die ultimative Herausforderung für fortgeschrittene und unerschrockene Turm-Umschubser! Ordentlich Schwung und eine gehörige Portion Mut sind nötig, um hier erfolgreich zu sein:

- Probieren Sie, ob es einen Unterschied macht, ob Sie die Kisten mit der Öffnung nach oben oder nach unten stapeln.
- Besonders interessant wird's, wenn Sie transparente Boxen verwenden: Darin hat Ihr Hund das Futter vor Augen, kommt jedoch auf direktem Wege nicht ran.

Sicherheit geht vor!

Die Höhe Ihrer Türme und die Größe der eingesetzten Elemente beschränken Sie selbstverständlich so, dass Ihr Hund nicht von herunterfallenden Teilen verletzt oder in Angst und Schrecken versetzt werden kann!

Hütchen-Stapelbar

Der Knobelspaß

Ein Becher wird über die Spitze einer Pylone oder eine Flasche gestülpt. Aufgabe für den Hund: Ihn dort wieder herunter bekommen! Das geht nur mit Feingefühl und Technik.

Voraussetzungen

- Abschluss der Hütchenspielschule (siehe Seite 26)

Zubehör

- 1 Markierhütchen (Pylone), alternativ 1 verschlossene PET-Flasche
- 1 stabiler Trinkbecher aus Kunststoff, niedriger als die Pylone oder Flasche
- 2 deutlich kleinere becherförmige Abdeckungen, zum Beispiel einen kleinen Joghurtbecher und eine Muffin- oder Cupcakeform aus Silikon oder Papier
- etwas streichfähiges Futter, das „klebt“, zum Beispiel Schmelzkäse, Quark, Hundeleberwurst

Schritt für Schritt

1. Als erstes lernt Ihr Hund, wo in diesem Spiel das Futter zu finden ist: auf der Spitze der Pylone (oder auf dem Flaschenverschluss)! „Kleben“ Sie dafür etwas Futter auf die Spitze und lassen Sie es Ihren Hund abschlecken. Wiederholen Sie dies 3-5 Mal. Finden Sie dabei gleichzeitig eine Position für die Pylone (Flasche), in der Ihr Hund bequem zu Werke gehen kann: Für kleinere Hunde stellen Sie die Pylone (Flasche) auf den Boden und halten sie während des gesamten Spiels gut fest. Für größere Hunde halten Sie die Pylone (Flasche) hoch – und zwar so, dass sich die Spitze leicht unterhalb der Schnauzenhöhe befindet.
2. Bedecken Sie das Futter auf der Spitze mit der kleinsten becherförmigen Abdeckung, zum Beispiel der Muffinform. Es wird für Ihren Hund einfach sein, diese herunterzuschubsen, um an das Futter heranzukommen.
3. Decken Sie das Futter mit der mittleren Bechergröße ab. Jetzt ist schon mehr Geschick nötig, um den Becher von der Spitze der Pylone zu hebeln. Höchstwahrscheinlich wird Ihr Hund ihn mit der Nase von unten hochschieben. Sollte er den Becher mit der Schnauze umfassen, um ihn hochzunehmen: Wenn er dabei vorsichtig zu Werke geht, meist kein Problem. Beißt er jedoch fest hinein und droht der Becher zu zerbrechen, halten Sie die Pylone (oder Flasche) deutlich höher, so dass Ihr Hund nur noch von unten mit der Nase schieben kann.
4. Decken Sie das Futter mit dem „finalen“ Trinkbecher ab. Ihn von der Spitze zu hebeln, ist deutlich komplizierter. Wenn sich Ihr Hund trotz Schritt-für-Schritt-Aufbau schwertut, halten Sie die Pylone oder Flasche leicht schräg.

Erst lernt der Hund, wo das Futter zu finden ist — dann wird es zunehmend schwieriger!

Variationen

Verflixt verschachtelt

Wenn Ihr Hund die Schiebetechnik des Basisspiels einmal beherrscht, würde es für Sie beide langweilig, genau diese Spielart häufiger zu wiederholen – außerdem wäre der Gehirnjoggingfaktor gleich Null. Spaß und Köpfchen kommen jedoch sofort zurück, wenn Sie Variationen einbauen:

- Ändern Sie den Gegenstand, den Sie über Ihre „Basis" (Pylone oder Flasche) stülpen: Wie wäre es mit einem noch größeren Becher, mit einer Schüssel, mit einem kleinen Karton? Jede neue Abdeckung ist für Ihren Hund ein Denkanstoß – und verlangt meist auch eine leicht veränderte Technik.
- Halten Sie nach anderen Gegenstand-Kombinationen Ausschau, die Sie auf ähnliche Weise verschachteln können: ein umgedrehter Eimer als Basis und eine große Schüssel oder ein Karton als Abdeckung zum Beispiel. Oder gleich mehrere Pylonen oder umgedrehte Trinkbecher ineinander verschachtelt (mit Futter zwischen jeder Ebene).

Was auch immer Sie verschachteln: Halten Sie die Basis stets gut fest – so kann Ihr Hund am besten seine Technik entwickeln und verfeinern. Bedenken Sie: Je kleiner der Höhenunterschied zwischen Basis und Abdeckung (das heißt: je weniger „Rand" der Basis unter der Abdeckung hervorschaut), desto technisch anspruchsvoller wird die Aufgabe.

Do it yourself!

Nur für geübte Tüftler: Nehmen Sie zwei robuste, große Gegenstände, die Sie ineinander verschachteln könnten, beispielsweise zwei Eimer oder zwei Wäschekörbe. Verstecken Sie vor den Augen Ihres Hundes Futter zwischen den beiden „Schachtelebenen". Dann legen Sie die ineinander verschachtelten Gegenstände auf die Seite und lassen Ihren Hund machen – ohne, dass Sie die Gegenstände festhalten. Wenn Ihr Hund sich schwertut, ziehen Sie die beiden Gegenstände zunächst ein Stück auseinander.

Hütchen – auf den Kopf gestellt

Der Knobelspaß

Die Öffnung zeigt zur Abwechslung nach oben – aber weil das Hütchen schmal und hoch ist, gelangt weder die Hundeschnauze direkt ans Futter, noch rollt nach dem Umwerfen das Futter automatisch heraus.

Voraussetzungen

- Abschluss der Hütchenspielschule (siehe Seite 26)

Zubehör

- 1 Chipsdose oder 1 ähnlich geformtes Frischhaltegefäß (hoher Becher)
- genügend Futterbröckchen: trocken, rund und gut rollend
- 1 Wolldecke oder 1 großes Handtuch

Kleinschrittigkeit schützt vor Zerstörung

Wenn Ihr Hund den direkten Weg wählt und die Dose zerbeißen möchte: Probieren Sie, ob Sie durch ein besonders kleinschrittiges Vorgehen und viele Wiederholungen der Einzelschritte dazu beitragen können, dass er eine andere Technik für sich entdeckt. Gelingt dies nicht: Schimpfen Sie nicht mit Ihrem Hund, sondern wechseln Sie zu einem anderen Spiel.

Schritt für Schritt

1. Legen Sie eine Wolldecke oder ein großes Handtuch lose zu einem Berg zusammen. Obendrauf stellen Sie die Chipsdose, mit der Öffnung nach oben. Lassen Sie vor den Augen Ihres Hundes ein Futterbröckchen hineinfallen. Ihr Hund wird es auf direktem Wege nicht erreichen können, hat aber trotzdem schnell Erfolg: Die Dose fällt leicht um – und fällt dabei „bergab“, so dass das Futter automatisch herausrollt.
2. Flachen Sie Ihren Deckenberg in kleinen Schritten ab. Sehr wahrscheinlich, dass das Futter beim Umwerfen der Chipsdose nicht immer wieder herausrollt. Ihr Hund wird sich daran gewöhnen, durch Anstupsen oder Bepföteln der Dose ein wenig nachzuhelfen – was dank des „Gefälles“ des unterliegenden Deckenberges nicht schwer ist. Je flacher der Deckenberg, umso seltener rollt das Futter mit heraus – und umso besser muss die Technik Ihres Vierbeiners werden.
3. Wenn aus dem Deckenberg eine Wellenlandschaft geworden ist und Ihr Hund unverändert gut klar kommt: Dann sind Sie reif für den „normalen“ Boden, ganz ohne Wolldecke!

Wird die Dose zunächst hoch oben auf dem Deckenberg platziert, fällt sie schon bei kleinster Berührung kopfüber herunter. Allmählich wird die Deckenlandschaft flacher, bis Ihr Hund auch ohne diese Hilfe klarkommt!

Hütchen-Königsdisziplin

Der Knobelspaß

Für knobelfitte Hunde: Die Öffnung zeigt nach oben, ein Keks wird hineingeworfen – aber das Hütchen ist so hoch, dass der Hund kaum über den Rand gucken kann!

Voraussetzungen

- Abschluss der Hütchenspielschule (siehe Seite 26)
- Spielerfahrung auch mit Hütchen-Riesen (siehe Seite 32)
- besonders viel Kreativität, Durchhaltevermögen und Mut

Zubehör

- 1 großer Karton, Eimer oder Gartenlaubsack – mindestens so hoch, dass der Hund nicht mit der Schnauze auf den Boden gelangen kann
- 1 Hundekeks
- für Plan B: 1 Wolldecke und mehrere kleine Futterbröckchen

Neues Hütchen, neuer Denksport

Spielen Sie dieses Spiel gelegentlich mit anderen hohen „Hütchen", die Ihnen im Alltag begegnen. Jeder neue Gegenstand sieht etwas anders aus und erfordert leicht veränderte Strategien. Das ist Futter für das Hundehirn!

Schritt für Schritt

1. Gehen Sie direkt aufs Ganze: Nehmen Sie einen Hundekeks und zeigen Sie ihn Ihrem Hund. Halten Sie die Hand mit dem Keks über die Öffnung des Kartons/Eimers/Gartenlaubsacks. Dann lassen Sie den Keks – gut sicht- und hörbar für Ihren Vierbeiner – hineinfallen. Freie Bahn für Ihren Hund! Lassen Sie sich überraschen, was er sich einfallen lässt, um an den Keks zu kommen. Falls der Erfolg sich trotz Knobelns nicht einstellt: Machen Sie die Herausforderung handhabbar wie ab Schritt 2 beschrieben.
2. Plan B, um Ihrem Hund auf die Sprünge zu helfen: Legen Sie Ihr „Hütchen" zunächst auf die Seite. Legen Sie mehrmals vor den Augen Ihres Hundes ein Futterbröckchen hinein und lassen Sie es Ihren Hund herausholen.
3. Legen Sie eine auseinandergefaltete Wolldecke zu einem lockeren „Deckenberg" auf den Boden. Nutzen Sie diesen Deckenberg als stützende Unterlage, um Ihr Hütchen kleinschrittig von der Seitenlage über die Schräglage wieder in „Zielposition" (Öffnung nach oben) zu bringen. Ihr Hund darf sich jedes Mal ein Futterbröckchen herausarbeiten, wird dafür aber immer mehr arbeiten müssen.

Unerschrockener Profi-Knobler am Werk: Bei solchen atemberaubenden Stunts behalten Sie Ihren Hund besser immer gut im Auge!

Spezial

Hütchen machen Wissenschaft

Wussten Sie, dass Hütchen verschiedenster Art bereits eine steile Karriere als Helfer in der Wissenschaft hinter sich haben? In der Kognitionsforschung wird unter anderem mit ihnen das Erkenntnisvermögen und die Verstandesleistungen von Hunden getestet. Wenn Sie mögen: Bilden Sie Ihr eigenes kleines Kognitionslabor doch zuhause nach!

Der Hund in der Forschung – worum geht's?

Wie der beste Freund des Menschen seine Umwelt wahrnimmt, das ist für uns Menschen interessant: Was verstehen Hunde über ihre unbelebte Umwelt: Begreifen sie zum Beispiel einfache physikalische Gesetze wie die Erdanziehungskraft? Haben sie eine Vorstellung von Mengen und können sie zählen? Und wie sieht es mit der sozialen Umwelt aus: Was verstehen Hunde über uns Menschen – und wie kommunizieren wir mit ihnen und sie mit uns? Worauf ist es zurückzuführen, dass wir es nun schon seit Jahrtausenden so gut miteinander aushalten?

Vom Stiefkind zum Liebling

Was für uns Hundebesitzer schon immer spannend war, hat die Wissenschaft erst wenig interessiert. Dort wurde der Hund lange Zeit etwas abwertend als „verkümmerter Wolf“ betrachtet, weil er vermeintlich viele Fähigkeiten seines wilden Vorfahrens verloren hat und in einer „künstlichen“ Umwelt lebt. Inzwischen sieht man das komplett anders. Man weiß: Der Hund ist kein Wolf mehr, seine natürliche Umgebung ist der Mensch – und in den mindestens 15.000 Jahren des Zusammenlebens hat der Hund erstaunliche Fähigkeiten entwickelt, sich uns anzupassen!

Berühmte Hütchen

In einem der aufsehenerregendsten Versuche haben Hütchen eine entscheidende Rolle gespielt. Mit ihnen hat man nachgewiesen, dass Hunde menschliche Zeigegesten verstehen – und dass unseren Vierbeinern diese Fähigkeit sogar angeboren ist. Das mag zunächst nicht spektakulär erscheinen – und natürlich wissen wir Hundeleute das längst. Es wird aber dann spektakulär, wenn man weiß, dass nicht nur Wölfe dies nicht können – sondern dass selbst unsere nächsten Verwandten im Tierreich, die Menschenaffen, dazu nicht in der Lage sind. Hier hat sich der Hund perfekt an seine menschliche Umwelt angepasst. Auch viele weitere Versuche haben gezeigt: Den Menschen zu beobachten und seine Hinweise zu nutzen, ist seine besondere Stärke!

Von der Uni ins Wohnzimmer

Wenn Sie sowieso gerade mit Hütchen spielen, können Sie den berühmten Zeigegestenversuch ganz einfach nachstellen:

- Sie brauchen: zwei identische Becher, Tassen oder Schüsseln, mehrere Futterstücke oder (wenn die Hütchen groß genug sind) ein Lieblingsspielzeug.
- Setzen Sie sich auf den Boden. Ihr Hund sitzt Ihnen gegenüber. Wenn Sie ihn mit einem „Bleib“-Signal zum Warten auffordern können, ist das ideal. Ansonsten kann auch ein vertrauter Mensch den Hund vorsichtig (am besten an einem Brustgeschirr) festhalten.
- Verstecken Sie nun ein Stück Futter/ das Spielzeug so unter einem der Hütchen, dass Ihr Hund es nicht mitbekommt. Das können Sie hinter Ihrem Rücken tun und dann die Hütchen sicherheitshalber ein paar Mal durch Hin- und Herschieben untereinander vertauschen (vergessen Sie nur selbst nicht, wo das Futter oder Spielzeug ist). Oder Sie werfen Ihrem Hund ein Stück Futter in den Raum, und während er dem Leckerbissen hinterherläuft, bestücken Sie das Versteck. Oder Sie stellen einen großen Karton als Barriere zwischen sich und Ihren Hund, während Sie verstecken.
- Zeigen Sie nun auf den Becher, unter dem sich das Futter / Spielzeug befindet. Geben Sie Ihrem Hund ein Freigabesignal und lassen Sie ihn wählen – während Sie Ihre Zeigegeste beibehalten. Normalerweise kann er gar nicht anders, als sich für den richtigen zu entscheiden. Wählt er wider Erwarten doch falsch, zeigen Sie ihm, dass dieser Becher leer ist und sich das Futter oder Spielzeug unter dem anderen befindet. Dann gibt’s eine neue Chance.
- Hunde verstehen normalerweise auch folgende Varianten – auch die können Sie ausprobieren: a) Wenden Sie nur den Kopf in Richtung des Verstecks und schauen Sie es an. b) Legen Sie vor den Augen eines Hundes eine Markierung (zum Beispiel ein Stückchen Holz) auf das „richtige“ Hütchen.

Hintergrundinfo: Wie wird geforscht?

An Forschungseinrichtungen wie dem Max-Planck-Institut an der Uni Leipzig, dem „Clever Dog Lab“ an der Uni Wien oder dem „Family Dog Project“ an der Uni Budapest werden die Kognitionsversuche mit ganz normalen Familienhunden durchgeführt. Die Wissenschaftler berichten, dass die Hunde dort gerne hingehen. Für sie ist das alles ein Spiel – so ähnlich, wie die Knobelspiele in diesem Buch.

Hier zieht's

mit Pfote & Schnauze

Hunde-Pipeline

Der Knobelspaß

Wer den Stopfen aus der Röhre zieht, wird mit herausfallendem Futter beliefert. Das lieben selbst Hunde, die sonst selten mit der Schnauze arbeiten!

Voraussetzungen

- keine

Zubehör

- 1 kurzes, enges Stück „Rohr“, beispielsweise ein Stück Schlauch, eine schmale Pappröhre oder auch eine PET-Flasche
- 1 kleines Stückchen Stoff als Stopfen, etwa 15 x 5 cm
- genügend kleine Futterbröckchen

Schritt für Schritt

1. Das Futter wird zunächst nicht in die Röhre gefüllt, sondern in den Stopfen eingearbeitet. Falten Sie dafür das Stoffstück einmal zusammen und verstauen Sie ein Futterbröckchen ganz hinten zwischen den beiden Stofflagen. Stecken Sie den dann futtergefüllten Stopfen nur so locker in die Röhre, dass er ein Stück herausschaut und bereits beim geringsten Kontakt mit der interessierten Hundenase herausfällt. Halten Sie die Röhre Ihrem Hund hin: die Öffnung nach unten zeigend, wenige Zentimeter über Schnauzenhöhe. Wenn jetzt Ihr Hund interessiert am duftenden Stopfen schnüffelt, fallen ihm Stoff und Futter sofort entgegen. Nur für

Sie halten die Röhre gut fest und der Stopfen fällt schon beim ersten Schnüffeln nach dem Futter heraus: Ideale Voraussetzungen, dass Ihr Hund schnell lernt, wie die Hunde-Pipeline funktioniert.

den (seltenen) Fall, dass Ihr Hund Anstalten macht, das heruntergefallene Stoffstück mitzufressen: Halten Sie ein weiteres Futterbröckchen als Tauschobjekt bereit.

2. Verstauen Sie das mit Futter versehene Stoffstück ein wenig fester in der Röhre, so dass Ihr Hund schon intensiver schnüffeln und mit der Nase stupsen muss, damit ihm Stoff und Futter entgegen fallen. Halten Sie das Rohr immer so, wie in Schritt 1 beschrieben.
3. Irgendwann stecken Sie den Stopfen so fest in die Röhre, dass allein das Anstupsen nicht mehr ausreicht, um ihn herauszuarbeiten. Jetzt führt kein Weg mehr am Ziehen mit den Zähnen vorbei.
4. Füllen Sie als nächstes bei jedem Durchgang ein zweites Stück Futter lose in die Röhre, ehe Sie sie mit dem futtergefüllten Stopfen verschließen. Das Stück Futter im Stopfen lassen Sie wenig später einfach weg.

Variationen

Wenn Sie mögen geht's noch weiter:

- Vergrößern beziehungsweise verlängern Sie allmählich den Stopfen, so dass Ihr Hund ausdauernder ziehen muss. Verwenden Sie dafür größere und längere Stoffstücke. In einer PET-Flasche findet sogar eine lange Kordel zum Herausziehen Platz.
- Verändern Sie die Position der Röhre. Mit jeder Positionsänderung wird Ihr Hund seine Technik leicht anpassen oder zumindest kurz neu nachdenken müssen: Halten Sie die Röhre wesentlich tiefer als gewohnt oder legen Sie sie sogar auf den Boden (dabei aber immer gut festhalten). Wenn Ihr Hund dazu in der Lage ist: Halten Sie sie höher als üblich, so dass Ihr Hund sich auf die Hinterbeine stellen muss, um am Stopfen zu ziehen. Halten Sie die Röhre zur Abwechslung so, dass die verstopfte Öffnung zur Seite oder nach hinten zeigt.
- Wenn Sie mit einer sehr stabilen PET-Flasche spielen und sich sicher sind, dass Ihr Hund die Flasche nicht zerbeißt: Füllen Sie eine Hand voll Futterbröckchen in die Flasche, stopfen Sie eine lange Kordel so hinein, dass ihr Ende herausschaut – und dann legen Sie die Flasche auf den Boden, ohne sie festzuhalten! Ihr Hund muss dann nicht nur den Stopfen mit veränderter Technik herausziehen, sondern auch durch Hin- und Herbewegen der Flasche dafür sorgen, dass das Futter herausrollt.

Variation für Fortgeschrittene, mit langer Kordel in stabiler PET-Flasche. Ihrem Hund überlassen Sie die Flasche natürlich nie unbeaufsichtigt.

Keks-Schublade

Der Knobelspaß

Erst essen Sie die Kekse, dann beginnt der Spaß für Ihren Hund: Die Verpackung wird zum Intelligenzspielzeug – und das Herausziehen der Schublade führt zum Futter.

Voraussetzungen

- keine

Zubehör

- eine leere Keksverpackung oder ähnlich konstruierte Verpackung, deren Innenteil wie eine Schublade aus der Umverpackung hervorziehbar ist
- ein kleiner Stoffstreifen, zum Beispiel 3 cm x 20 cm
- genügend kleine Futterbröckchen

Vorbereitung

- Reißen oder schneiden Sie die vorderen Verschlussklappen der Verpackung so ab, dass die Vorderseite der inneren Schublade freiliegt und die Umverpackung bündig mit der Schublade abschließt.
- Ans vordere Ende der Schublade montieren Sie eine Lasche, an der Ihr Hund die Schublade später herausziehen kann. Schneiden Sie dafür einen kleinen waagerechten Schlitz in die Vorderseite der Schublade, schieben Sie den Stoffstreifen hindurch und verknoten Sie seine Enden an der Schubladen-Vorderseite. Es reicht aus, wenn die Knotenenden nur wenige Zentimeter über das Schubladen-Ende hinausragen.
- Wenn Sie das hintere Ende der Verpackung ebenfalls öffnen, steht Ihnen die Möglichkeit offen, bereits erste Ansätze Ihres Hundes durch Herausschieben der Schublade zu belohnen.

Schritt für Schritt

1. Setzen oder stellen Sie sich so hin, dass Sie Ihrem Hund die Schublade bequem in etwa auf Höhe und in Verlängerung der Hundeschnauze hinhalten können. Das ist die Spielposition für alle weiteren Schritte. Lassen Sie Ihren Hund mehrmals je ein Futterbröckchen aus der weit geöffneten Schublade fressen.
2. Legen Sie das Futterbröckchen ganz vorne in die Schublade (in Richtung der Lasche) und schließen Sie die Schublade gerade so weit, dass die Hundeschnauze zunächst noch bequem hineinpasst, um das Futterbröckchen herauszuholen.
3. Schließen Sie die Schublade Stück für Stück immer weiter. Um an das vorne liegende Futterbröckchen zu kommen, kann Ihr Hund zwar mit der Schnauze noch hinein gelangen, muss sich die Schublade allerdings schon ein wenig offen schieben oder ziehen. Wenn Sie zusätzlich ein wenig an der Umverpackung „gegenziehen", sobald sich die Hundeschnauze in der

Schublade befindet, verstärken Sie die neue Erfahrung, die Ihr Hund macht: Die Schublade lässt sich öffnen! Vielleicht beginnt er bereits, seine Zähne einzusetzen – egal, ob an der Schublade oder an der Lasche? Wann immer Sie einen „Durchbruch" beobachten: Sorgen Sie durch Gegenziehen an der Umverpackung oder Herausschieben der Schublade von hinten dafür, dass Ihr Hund sofort mit einer sich öffnenden Schublade belohnt wird.

4. Der spannende Moment: Sie schließen die Schublade komplett. Was tut Ihr Hund, der genau weiß, wo sich das Futter befindet und dass sich die Schublade öffnen lässt? Sehr wahrscheinlich versucht er, die Schublade aufzuziehen. Sorgen Sie bei jedem noch so unbeholfenen Ansatz dafür, dass sich die Schublade sofort öffnet. Ganz sicher: Die neue Technik wird er bald beherrschen.
5. Ihr Hund zieht die Schublade immer wieder auf? Dann lassen Sie das Futter allmählich weiter ins Innere der Schublade wandern, so dass er die Schublade ausdauernder und weiter hinausziehen muss.

Mit der Schritt-für-Schritt-Anleitung lernt Ihr Hund, Schubladen aller Art zu öffnen: von der Selbstbaukonstruktion mit Plastikblumentopf im Karton bis zur „echten" Kommodenschublade

Variationen

Denkanstöße

Gedacht, um die Routine zu durchbrechen und Altbekanntes für einen kurzen Moment neu zu präsentieren: Halten Sie die Keksschublade zur Abwechslung mal nicht mit der Lasche zum Hund, sondern mit der Lasche nach rechts oder links, während Ihr Hund vor Ihnen sitzt. Begreift Ihr Hund sofort, was zu tun ist – nämlich entweder selbst die Position zu wechseln oder sogar aus seiner Position heraus nicht nach vorne, sondern nach rechts oder links zu ziehen? Falls er Schwierigkeiten hat: Beginnen Sie damit, die Position zunächst nur sehr geringfügig zu variieren.

Schubladen „in echt“

Von der Miniaturschublade zur Originalgröße: Mit dem beschriebenen Grund-Aufbau können Sie Ihrem Hund auch das Öffnen einer „echten“ Schublade beibringen, wenn Sie das möchten. Je nach Art und Form des Schubladengriffes befestigen Sie daran zusätzlich ein Tau oder Ähnliches zum Ziehen. Wenn Sie das Öffnen der Schublade abrufbar haben möchten, führen Sie dafür ein Signal oder Kommando ein!

Futter-Fallrohr

Der Knobelspaß

In diese Röhre geben Sie oben ein Stück Futter – aber es fällt unten nur wieder heraus, wenn Ihr vierbeiniger Einstein einen oder mehrere Querverschlüsse seitlich herauszieht.

Voraussetzungen

- Wenn Ihr Hund zuvor an der Hunde-Pipeline (siehe Seite 54) und an der Keks-Schublade (siehe Seite 56) das Ziehen als Strategie bereits erlernt hat, ist das von Vorteil!

Zubehör

- 1 Pappröhre (zum Beispiel von einer Rolle Küchenpapier, Geschenkpapier oder Alufolie)
- etwas stabile Pappe zum Zurechtschneiden der Querlaschen
- Teppichmesser und/oder Schere
- genügend kleine Futterbröckchen, im Idealfall trocken und gut hör- und sichtbar, wenn sie auf den Boden fallen
- griffbereit für den „Notfall“: ein wenig streichfähiges Futter, zum Beispiel Hundeleberwurst, Schmierkäse oder Erdnussbutter, außerdem ein paar kleine Würfel Fleischwurst oder Käse

Vorbereitung

- Rüsten Sie Ihre Papprolle zunächst für einen Querverschluss vor: Schneiden Sie zwei gegenüberliegende horizontale Schlitze in die senkrecht gehaltene Röhre – so, dass Sie später einen Pappstreifen hindurchschieben können.
- Schneiden Sie einen Pappstreifen so zu, dass Sie sie ihn durch die Schlitze leichtgängig quer durch die Röhre schieben können und er an beiden Seiten ein paar Zentimeter Überstand hat. Wenn Sie nun ein Stück Futter in die senkrecht gehaltene Röhre geben, bleibt es auf dem Pappstreifen liegen. Am besten, Sie schneiden sich gleich mehrere Pappstreifen in Reserve.

Schritt für Schritt

1. Weil in diesem Spiel das Futter auf Umwegen freigegeben wird: Führen Sie Ihrem Hund mehrmals die Konstruktion des Fallrohrs vor! Zeigen Sie ihm ein Futterbröckchen, füllen Sie es von oben in die Röhre und ziehen Sie dann seitlich die Lasche heraus, so dass das Futter Ihrem Hund quasi vor die Füße fällt. Machen Sie dies bevorzugt über solchem Fußboden, auf dem das herunterfallende Futter gut sicht- und hörbar ist.
2. Jetzt darf Ihr Hund: Ziehen Sie dafür den Pappstreifen so weit in Richtung des Hundes heraus, dass das oben hineingegebene Futter gerade noch

liegen bleibt, die Röhre aber nicht mehr ganz verschlossen ist. Wenn Ihr Vierbeiner Anstalten macht, am Pappstreifen zu schnuppern oder gar daran zu ziehen, wird er direkt Erfolg haben. Falls das Futter dabei nicht sofort von selbst herausfällt, helfen Sie nach und kippen die Röhre leicht. Setzt Ihr Hund wiederholt die Schnauze ein, machen Sie weiter mit Schritt 4. Falls nicht, schalten Sie Schritt 3 dazwischen.

3. Wenn Ihr Hund seine Schnauze zunächst nicht einsetzt: Parfümieren Sie den Pappstreifen übergangsweise mit etwas Leberwurst, Schmierkäse oder Erdnussbutter und gehen Sie ansonsten vor wie in Schritt 2 beschrieben. Die Chancen sind jetzt bestens, dass Ihr Hund sich mit Schnauzeneinsatz an der Lasche betätigt. Wenn Sie befürchten, dass Ihr Hund sich durch das herausfallende Futter nicht vom „leckeren" Pappstreifen abbringen lässt, füllen Sie vorübergehend deutlich attraktiveres Futter, zum Beispiel Fleischwurst- oder Käsewürfel, in die Röhre.
4. Nach und nach schieben Sie den Streifen immer weiter in die Röhre, so dass der Hund ausdauernder ziehen muss, bis das Futter fällt. Wenn Sie mit einer aromatisierten Papplasche gearbeitet haben: Schmieren Sie immer kleinere Mengen auf den Streifen und tauschen Sie den Streifen irgendwann gegen einen komplett „unparfümierten" aus.

Lernen durch Nachahmung?
In diesen Spielaufbau beziehen wir in Schritt 1 ein, was die Wissenschaft erst seit kurzer Zeit belegt hat: Hunde sind durchaus in der Lage, durch Nachahmung zu lernen!

Variationen

Ihr Hund hat den Mechanismus geknackt? So können Sie variieren und weiterspielen:

- Sorgen Sie für einen kurzen Denkanstoß, indem Sie die Röhre anders halten als gewohnt: nämlich so, dass die Querlasche nicht zum Hund hin zeigt, sondern zur Seite.
- Bauen Sie noch eine zweite oder dritte Querlasche in Ihre Röhre ein, so dass Ihr Hund gleich mehrfach ziehen muss, bis er ans Futter gelangt.
- Konstruieren Sie ein mehrstöckiges Fallrohr so, dass die Querlaschen in unterschiedliche Richtungen zeigen.
- Wenn Sie vorher bereits die Hunde-Pipeline (siehe Seite 54) gespielt haben, verschließen Sie den unteren Ausgang des Futter-Fallrohrs doch zusätzlich mit einem herausziehbaren Stopfen, beispielsweise einem Stück Stoff.
- Wenn Sie Spaß am Basteln und Lust auf noch stabilere Röhrenkonstruktionen haben: Bauen Sie Chipsdosen oder stabile Pappröhren nach gleichem Schema zu Futter-Fallrohren um.

Für Fortgeschrittene: ein mehrstöckiges Fallrohr mit Stopfen drin.

Tiefstapler

Der Knobelspaß

Ein Becherstapel, Öffnung nach oben, ganz unten im Stapel ein Stück Futter. Wer drankommen will, muss einen Becher nach dem anderen aus dem Stapel ziehen.

Voraussetzungen

- keine

Zubehör

- mehrere ineinander stapelbare Becher, beispielsweise stabile Pappbecher oder Kunststoff-Trinkbecher
- genügend kleine Futterbröckchen
- in Reserve: ein paar dickere Bröckchen oder Hundekekse als „Abstandshalter"

Schritt für Schritt

1. Nehmen Sie einen der Becher, füllen Sie ein Stück Futter hinein und halten Sie ihn – etwas unter Hundeschnauzenhöhe – Ihrem Hund hin. Das ist die Grundposition auch für die nächsten Schritte. Lassen Sie Ihren Hund zunächst mehrmals ein Futterbröchen aus dem Becher fressen. Ihr Hund lernt so, wo das Futter in diesem Spiel zu finden ist.
2. Füllen Sie wiederum ein Futterstück in den ersten Becher. Nehmen Sie einen zweiten Becher dazu und legen Sie ihn quer über die Öffnung des ersten, so dass Ihr Hund ihn beim Schnüffeln nach dem Futter fast automatisch beiseite schubst. Lerneffekt für Ihren Hund: Der obere Becher muss weg, damit der Weg zum Futter frei wird.

Der obere Becher muss weg! Das ist erst ganz einfach – und verlangt allmählich immer mehr technisches Geschick!

3. Wieder füllen Sie ein Futterstück in den untersten Becher. Jetzt stapeln Sie die beiden Becher erstmals ineinander. Allerdings halten Sie sie – in etwa auf Höhe der Hundeschnauze – waagerecht und ziehen die Becher dabei möglichst weit auseinander. Schon kleine Ansätze mit Schnauze oder Pfote führen so dazu, dass der oberste Becher zu Boden fällt. Helfen Sie gegebenenfalls durch Kippen der Becher nach, wenn Ihr Hund auf dem richtigen Weg ist, der Erfolg jedoch ausbleibt.
4. Richten Sie Ihren Becher-Zweierstapel allmählich in die Senkrechte auf. Falls Ihre Becher so geformt sind, dass sie beim Senkrechtstapeln fast einander verschwinden: Verwenden Sie vorübergehend dickere Futterbröckchen oder Hundekekse als Abstandshalter. Dadurch entsteht ein größerer Rand, an dem Ihr Hund ziehen kann. Auch wenn die meisten Hunde in diesem Schritt mit der Schnauze aktiv sind: Sollte Ihr Hund das Problem mit den Pfoten lösen können – auch gut!
5. Das Auseinanderziehen der beiden Becher in Senkrechthaltung funktioniert reibungslos? Dann erhöhen Sie nach und nach die Zahl der verwendeten Becher. Platzieren Sie dabei zunächst zwischen jede Ebene ein Stückchen Futter. Mit zunehmender Routine im Entpacken reduzieren Sie allmählich die Zahl der im Stapel eingebauten Futterstücke – bis später nur noch ganz unten im Stapel eines liegt.

Schnauzen-Sonderformen

Die Schnauze Ihres Hundes ist zu breit oder zu kurz zum Fressen aus dem Becher – und Sie finden auch keine ineinander stapelbaren Behältnisse, aus denen Ihr Hund direkt fressen kann? Kein Problem, dann kippen Sie Ihrem Hund das Futter einfach aus dem Becher heraus, sobald er den oberen Becher weggeschafft hat.

Variationen

Spezial-Stapel

Halten Sie in Ihrem Haushalt Ausschau nach Dingen, die Sie noch ineinander stapeln können, jeweils mit der Öffnung nach oben. Berücksichtigen Sie, dass Gegenstände in gleicher Form, jedoch unterschiedlicher Größe komplett ineinander verschwinden, während bei gleichgroßen Gegenständen jeweils ein Rand zum Ziehen übersteht und tatsächlich ein Stapel entsteht. Jede Abweichung in Form und Größe verlangt eine leicht veränderte Technik und bringt Spaß, Abwechslung und Denksport. Probieren Sie beispielsweise

- Becher in weiteren Formen und Größen, jeweils gleichgroß oder in unterschiedlichen Größen,
- Kunststoff-Blumentöpfe, gleichgroß oder in unterschiedlichen Größen,
- Schüsseln, jeweils gleich groß oder in unterschiedlichen Größen,
- Markierhütchen (Pylonen) mit Öffnung nach oben (Ihr Hund kann daraus normalerweise nicht selbst fressen daher müssen Sie ihm das Futter herauskippen, nachdem er es freigelegt hat),
- Kartons in unterschiedlichen Größen,
- eine Mixtur aus unterschiedlichen Gegenständen in unterschiedlichen Größen (Kartons, Schüsseln, Becher und so weiter).

Stapel-Stopfen

Bislang haben Sie das Futterbröckchen in Ihrem Becher (oder sonstigem stapelbarem Gegenstand) mit einem anderen Becher (oder sonstigem stapelbaren Gegenstand) abgedeckt. Sie können jedoch auch einmal eine ganz andere Abdeckung wählen, so dass Ihr Hund erst eine Art Stopfen beiseite schaffen muss, um an das Futter zu kommen. Dieser kann später auch Ihren Stapel krönen, so dass erst der Stopfen beseitigt und dann der Stapel in Angriff genommen wird. Probieren Sie aus, was zusammen passt, zum Beispiel

- ein Tennisball, der halb aus einem Becher hervorschaut,
- ein Spielzeug oder ein zusammengestopftes Tuch, das fast im Markierhütchen verschwindet,
- ein Ball, der genau in eine Schüssel hineinpasst.

Wenn Sie einen Schritt-für-Schritt-Aufbau benötigen: Orientieren Sie sich an der Basisanleitung!

Langfinger

Der Knobelspaß

Eine Herausforderung wie aus dem Leben gegriffen: Unter einem Möbelstück liegt ein Futterbröckchen. Erreichbar ist es nur mit Pfoteneinsatz!

Voraussetzungen

- keine

Zubehör

- ein standfestes Möbelstück auf Füßen, dessen Spalt zum Boden so schmal ist, das der Hund nicht darunter kriechen kann
- genügend kleine Futterbröckchen

Schritt für Schritt

1. Setzen Sie sich auf den Boden vor das Möbelstück. Zeigen Sie Ihrem Hund ein Futterbröckchen. Legen Sie es so unter das Möbelstück, dass Ihr Hund es sich noch bequem mit der Schnauze holen kann und fordern Sie ihn auf, sich den Leckerbissen zu nehmen. Wiederholen Sie dies mehrere Male und geben Sie Ihrem Hund so das Gefühl, dass das Futter für ihn erreichbar ist.
2. Schieben Sie das Futterbröckchen nach und nach weiter unter das Möbelstück. Irgendwann ist der Zeitpunkt erreicht, an dem das Futter mit der Schnauze nicht mehr hervorgeholt werden kann. Jetzt hilft nur noch Pfoteneinsatz! Auch, wenn Ihr Hund zunächst nur unkoordiniert mit der Pfote kratzt: Freuen Sie sich trotzdem darüber und bestärken Sie diesen ersten Ansatz sofort, indem Sie selbst mit der Hand hinter das Futterstückchen greifen und es Ihrem Hund entgegenrollen lassen.
3. Lassen Sie Ihren Hund nach und nach länger mit der Pfote ausprobieren, ehe Sie das Futter herausrollen lassen. Sie werden sehen: Allmählich wird sein Pfoteneinsatz koordinierter und ausdauernder und er wird es bald selbstständig schaffen, das Futterbröckchen hervorzuholen.

Hund mit Handicap?

Diese Übung verlangt eine gewisse Gelenkigkeit: Der Hund muss sich flach auf den Boden legen und mit weit ausgestreckter Pfote nach dem Futter angeln. Wenn Sie das Gefühl haben, dass Ihrem Vierbeiner dieser Bewegungsablauf unangenehm ist: Ähnliche Spielideen mit weniger Körpereinsatz sind Hou(n)dini (siehe Seite 72) und die Hunde-Angel (siehe Seite 76).

Variationen

So können Sie weiterspielen:

- Lassen Sie Ihren Hund auch an anderen Möbelstücken in Ihrem Haushalt zum Langfinger werden. Jede andere Spaltbreite zwischen Möbelstück und Boden und jeder andere Bodenbelag verändert die Herausforderung.
- Wenn Sie Suchspiele mit Ihrem Hund nach Futter, Spielzeug oder speziellen Suchobjekten spielen: Nutzen Sie die Spalten unter Ihren Möbelstücken ebenfalls als Verstecke!

Mauseloch

Der Knobelspaß

Hier wird Ihr Hund zur Katze – und angelt mit geschickten Pfoten in einem „Mauseloch" nach Futter.

Voraussetzungen

- Die Bereitschaft zum Pfoteneinsatz und ein erstes Feingefühl in der Pfote übt Ihr Hund in den Spielen „Hou(n)-dini" (siehe Seite 72) und Langfinger (siehe Seite 68).

Zubehör

- eine Papprröhre oder ein anderes Stück Rohr – im Durchmesser so groß, dass die Hundepfote bequem hineinpasst, nicht jedoch der Hundekopf.
- genügend kleine Futterbröckchen

Schritt für Schritt

1. Setzen Sie sich mit der Papprröhre vor Ihren Hund. Halten Sie die Papprröhre waagerecht vor ihn – ein Stückchen unter Schnauzenhöhe. Damit Ihr Hund weiß, wo in diesem Spiel das Futter zu finden ist: Legen Sie ihm ein Futterbröckchen so in die Röhre, dass er es mit der Schnauze herausholen kann. Wiederholen Sie dies mehrmals.
2. Platzieren Sie das Futterbröckchen allmählich immer weiter hinten in der Röhre. Irgendwann kommt der Zeitpunkt, an dem Ihr Hund das Futter auch mit langer Zunge nicht mehr erreicht. Beobachten Sie ihn genau: Sobald er Anstalten macht, mit der Pfote zu kratzen, kippen Sie das Rohr sofort leicht nach vorne, so dass das Futterstück herausfällt – auch, wenn das Pfotenschwenken zunächst noch unkoordiniert ausfällt.
3. Warten Sie nach und nach auf immer intensiveren und gezielteren Pfoteneinsatz, bis Sie das Rohr kippen und das Futter freigeben. Kippzeitpunkte könnten mit zunehmendem Schwierigkeitsgrad sein:
   a. Pfote hochgehoben auf Höhe des Rohres
   b. Pfotenberührung des Rohr-Endes – egal wo
   c. Pfotenberührung der Öffnung des Rohres, Pfote ins Rohr geschoben.
4. Ziel ist es, dass Sie das Rohr irgendwann gar nicht mehr kippen müssen, sondern Ihr Hund das Futterbröckchen ganz selbstständig mit den Pfoten aus der Röhre angelt.

Tipp:
Wenn Sie das Gefühl haben, dass Ihr Hund Schwierigkeiten mit dem Bewegungsablauf hat: Probieren Sie, ob es einen Unterschied macht, wie hoch oder tief Sie das Rohr halten! Solange Sie es gut festhalten, kann es sogar auf dem Boden liegen.

Variationen

So sorgen Sie für neue Denkanstöße:

- Halten Sie das Rohr mal höher oder tiefer als es Ihr Hund gewohnt ist.
- Probieren Sie, was Ihr Hund tut, wenn Sie ihm das Rohr mit nach links oder rechts zeigender Öffnung präsentieren.
- Wenn Ihr Hund die Hunde-Pipeline (siehe Seite 54) schon gespielt hat: Verschließen Sie das Rohr zunächst mit einem Stopfen aus Stoff, den Ihr Hund erst herausziehen muss, bevor er mit der Pfote angeln kann.
- Halten Sie in Ihrem Umfeld Ausschau nach anderen Gegenständen, die so konstruiert sind, dass der Hund mit der Pfote hineinlangen kann, nicht jedoch mit der Schnauze. Oft geht dies gut mit Schlappen aus Kunststoff. Oder Sie schneiden „Mauselöcher“ direkt über dem Boden eines großen, stabilen Kartons.

Hou(n)dini

Der Knobelspaß

Ein Stück Futter, ein Käfig darüber – und Ihrem Hund gelingt es trotzdem, es herauszuholen? Wie beim echten Houdini (dem bekannten Entfesselungs- und Zauberkünstler): keine Magie, sondern Geschicklichkeit und Technik. Es muss lediglich ein Streifen Stoff unter einem Fahrradkorb hervorgezogen werden.

Voraussetzungen

- keine

Zubehör

- 1 Drahtgitterkorb für den Fahrradgepäckträger, mit Aussparung an einer Seite (gedacht zur Fixierung mit der Gepäckträgerklappe), alternativ ein ähnlich konstruierter Gitterkorb
- 1 Stoffstreifen, etwa 25 cm lang und etwas schmaler als die Aussparung im Fahrradkorb
- genügend kleine Futterbröckchen

Vorbereitung

- Suchen Sie sich als Spielort einen vergleichsweise glatten Boden (beispielsweise Parkett oder Fliesen) aus. Drehen Sie den Fahrradkorb um, setzen Sie ihn auf den Boden und legen Sie den Stoffstreifen so darunter, dass er etwa zur Hälfte vom Fahrradkorb abgedeckt ist und zur anderen Hälfte aus der Aussparung herausragt.

Schritt für Schritt

1. Setzen Sie sich neben den umgedrehten Korb und legen Sie vor den Augen Ihres Hundes ein Stück Futter ins Innere des Gitters auf den Stoffstreifen (entweder durch das Korbgitter oder indem Sie den Korb kurz anheben). Dann halten Sie den Korb gut fest, so dass er nicht verrutschten kann. Das ist Ihre Grundposition in diesem Spiel. Legen Sie das Futter zunächst so, dass Ihr Hund es noch mit der Schnauze durch die Aussparung herausholen kann. Wiederholen Sie diesen Schritt mehrmals. So geben Sie Ihrem Hund das Gefühl: Das Futter ist erreichbar!
2. Platzieren Sie den Leckerbissen nach und nach immer weiter hinten auf dem Streifen im Inneren des Korbs. Während zunächst die Hundezunge noch lang genug ist, wird irgendwann der direkte Weg nicht mehr funktionieren. Jetzt beobachten Sie Ihren Hund genau: Sobald er auch nur erste Ansätze zeigt, mit der Pfote zu scharren oder mit der Schnauze am Streifen zu zupfen, freuen Sie sich – und heben den Korb sofort hoch, um das Futter freizugeben.
3. Warten Sie allmählich auf etwas mehr und gezieltere Aktion, ehe Sie den Korb hochheben und das Futter freigeben: Wird der Streifen beim Scharren schon berührt? Oder bewegt er sich bereits beim daran Zupfen?

4. Irgendwann kommt der Moment, in dem Ihr Hund es schafft, den Streifen mitsamt Futterstück darauf komplett selbstständig aus dem Korb zu ziehen. Feiern Sie ihn dafür!

Schnauzen- oder Pfotenhund?

Die große Mehrheit der Vierbeiner löst dieses Knobelspiel mit der Pfote. Das Scharren nach einem unerreichbaren Stück Futter scheint aus Hundesicht naheliegend zu sein. Wie macht es Ihr Hund?

Variationen

Hou(n)dini unterm Sofa

Als Ergänzung oder Ersatz zum Fahrradkorb: Sie können Ihren Hou(n)dini natürlich auch unter dem Sofa oder unter einem anderen standfesten Möbelstück aktiv werden lassen. Voraussetzung: Das Möbelstück steht auf Füßen, und der Spalt zwischen Möbelstück und Boden ist so schmal, dass der Hund nicht darin verschwinden kann. Und: Im Idealfall steht es auf glattem Boden, weil dann das darunter geschobene Stück Stoff gut rutscht. Und so geht's:

- Beim Spielaufbau orientieren Sie sich an der Basisanleitung (siehe Seite 72) – bloß, dass Sie bei den ersten Ansätzen natürlich nicht das Möbelstück hochnehmen, sondern den Stoffstreifen schnell für Ihren Hund hervorziehen.
- Weil unter dem Möbelstück mehr Platz ist als im Fahrradkorb, können Sie anstelle des Stoffstreifens ein Handtuch verwenden – bei geübten Problemlösern auch gerne ein großes Badelaken!

Hunde machen alles nach?

Im Spezial „Hütchen machen Wissenschaft“ (siehe Seite 50) haben Sie etwas über die Kognitionsforschung mit Hunden gelesen – und vielleicht schon den vermutlich berühmtesten Hütchenversuch in Ihrem Wohnzimmer nachgestellt. Mit dem Hou(n)dini-Spiel sind Sie erneut der Wissenschaft auf der Spur. Mit ähnlicher Versuchskonstellation hat man unter anderem die Fähigkeit der Hunde zum Nachmachen getestet. Wenn Sie mögen, probieren Sie dies ebenfalls aus:

- Ihr Hund hat schon erfolgreich Hou(n)dini gespielt? Dann lassen Sie doch einmal einen Hundefreund (einen zweiten Hund in Ihrem Haushalt oder einen vierbeinigen Besucher) dabei zuschauen, wie Ihr geübter Houndini mehrmals hintereinander das Stück Stoff unter dem Fahrradkorb oder dem Möbelstück hervorzieht und so an das Futter gelangt. Dann darf der andere Hund es mal ausprobieren.
- Probieren Sie alternativ, ob auch Sie als Mensch einem ungeübten Hund dieses Spiel auf gleiche Weise vormachen können!

Und? Tut der vierbeinige Zuschauer das, was die meisten Hunde im Forschungslabor ebenfalls taten: nämlich das nachmachen, was er gerade gesehen hat? Vermutlich ja!

Klappt nicht? Macht nichts!

Falls das Nachmachen nicht gelingt: Auch Hunde haben schlechte Tage – oder sind manchmal schlichtweg zu aufgeregt, um sich zu konzentrieren. Helfen Sie mit dem Schritt-für-Schritt-Aufbau der Basisanleitung, dass sich der Erfolg trotzdem einstellt.

Übrigens: was bei den Wissenschaftlern auch funktioniert hat und was Sie ebenfalls ausprobieren können:

- Der „Vorführhund“ frisst mehrmals ein Stückchen Futter vom Stoffstreifen – nur liegt der Stoff dieses Mal NEBEN (und nicht unter) dem Fahrradkorb oder dem Möbelstück. Für den Zuschauerhund hingegen wird der Stoffstreifen direkt UNTER den Korb oder das Möbelstück gelegt.

Im Versuch haben die Zuschauerhunde den Stoffstreifen prompt herausgezogen – obwohl Sie vorher nur das Fressen davon (und nicht das Herausziehen) beobachtet haben. Ist hier also wirklich Nachmachen im Spiel – oder funktioniert das Spiel schon allein deshalb, weil die Aufmerksamkeit des Zuschauerhundes ganz auf den Stoffstreifen gerichtet wurde? Beim Hou(n)dini-Spiel kann das tatsächlich sein. Allerdings hat die Wissenschaft an weiteren, teils komplexen Versuchen inzwischen nachgewiesen, dass Hunde tatsächlich zur Nachahmung fahig sind.

Die Hunde-Angel

Der Knobelspaß

Angeln auf Hunde-Art: Wer den Köder haben will, muss an der Schnur ziehen! Je nachdem, wo Sie die Angel auswerfen, kann das richtig spannend werden!

Voraussetzungen

- Wer schon Hou(n)dini gespielt hat (siehe Seite 72), dem fällt das Angeln besonders leicht.

Zubehör

- ein Stück Kordel oder Seil, je dicker desto besser, für den Anfang reichen etwa 40 cm
- ein Futterbeutel (alternativ Stiftemappe oder ein kleines Etui)
- ein standfestes Möbelstück auf Füßen, dessen Spalt zum Boden so schmal ist, das der Hund nicht darunter kriechen kann, im Idealfall auf glattem Boden stehend
- genügend kleine Futterbröckchen

Vorbereitung

- befestigen Sie den Köder (Futterbeutel) an der Angelschnur (Kordel / Seil)

Schritt für Schritt

1. Setzen Sie sich auf den Boden vor das Möbelstück. Zeigen Sie Ihrem Hund ein Futterbröckchen und geben Sie es in den weit geöffneten Futterbeutel. Daraus darf Ihr Hund dann fressen. Wiederholen Sie dies mehrmals. Ihr Hund lernt so, wo das Futter in diesem Spiel zu finden ist – und dass er eine Chance auf Erfolg hat.
2. Geben Sie wieder ein Bröckchen Futter in den Futterbeutel und lassen Sie ihn geöffnet. Jetzt schieben Sie den Beutel ein Stückchen unter das Möbelstück – allerdings so, dass Ihr Hund ihn gerade noch mit Schnauze oder Pfote erreichen kann, ohne bereits an der Schnur ziehen zu müssen. Hat er den Beutel hervorgeholt, darf er das Futter daraus fressen.
3. Platzieren Sie den Beutel nach und nach immer weiter hinten unter dem Möbelstück – die Schnur guckt dabei stets vorne heraus. Irgendwann kommt der Zeitpunkt, an dem der Hund den Beutel auf direktem Wege nicht mehr erreichen kann. Beobachten Sie Ihren Hund genau – und belohnen Sie jeden noch so unbeholfenen ersten Ansatz, mit Schnauze oder Pfote an der Schnur zu ziehen, indem Sie sofort den Beutel herausziehen und Ihren Hund daraus fressen lassen.
4. Lassen Sie Ihren Hund nach und nach länger an der Schnur arbeiten, ehe Sie den Beutel hervorziehen. Sie werden sehen: Allmählich wird sein Pfoten- oder Schnauzeneinsatz koordinierter und ausdauernder. Er wird es bald selbstständig schaffen, die Angel einzuholen und an den Futterbeutel zu gelangen.

Erst darf ein paar Mal aus dem offenen Beutel gefressen werden, dann verschwindet dieser immer weiter unter dem Möbelstück.

5. Schieben Sie den Beutel weiter nach hinten und nutzen Sie die volle Länge Ihrer Angelschnur aus.
6. Wenn Sie mögen: Tauschen Sie Ihre kurze Angelschnur gegen eine längere aus und arbeiten Sie so an der Ausdauer Ihres Anglers. Wenn er richtig geübt ist, zieht er sogar mehrere Meter Schnur hervor, um an den Futterbeutel zu gelangen.

Variationen

Angeln aus der Röhre

Genauso gut wie unter einem Möbelstück können Sie Ihren „Köder“ auch in einer Röhre verschwinden lassen. Der wesentliche Unterschied: Während Ihr Hund unter dem Möbelstück sowohl mit Pfote als auch mit Schnauze aktiv werden kann, funktioniert das Angeln aus der Röhre am besten mit der Schnauze. Sie brauchen für diese Spielart außer Ihrer Hundeangel eine stabile Pappröhre, beispielsweise eine Versandröhre oder ein Stück Abflussrohr aus dem Baumarkt. Folgende Spielarten stehen Ihnen offen:

- Halten Sie die Röhre waagerecht, in etwa auf Hundeschnauzenhöhe. Gehen Sie vor wie in der Basisanleitung beschrieben – bloß, dass der Futterbeutel nicht immer weiter unter dem Möbelstück, sondern in der Röhre verschwindet. Wenn Ihr Hund die Technik beherrscht: Sorgen Sie für zumindest kurzzeitige Denkanstöße, indem Sie die Röhre mal höher oder tiefer als gewohnt halten oder die Öffnung mal nach rechts oder links zeigen lassen.
- Neu nachdenken und seine Technik anpassen muss Ihr Hund, wenn Sie die Röhre senkrecht auf den Boden stellen, mit der Öffnung nach oben (Röhre dabei immer gut festhalten). Die Hunde-Angel muss dabei nach oben herausgezogen werden.
- Egal, wie Sie die Röhre halten: Wenn Ihr Hund schon geübt im Angeln ist, können Sie eine sehr lange Angelschnur verwenden und diese bis auf das Ende komplett in die Röhre stopfen.

Freiluft-Angeln

Die Hunde-Angel bietet auch Spaß auf dem Spaziergang: Überraschen Sie Ihren Hund dann und wann, indem Sie die Hunde-Angel durch Zäune schieben oder den „Köder“ in Sträuchern oder niedrigen Ästen von Bäumen, auf Mauern und so weiter verstauen.

Cliffhanger

Die Königsdiziplin der Hunde-Angel – für schon erfahrene Angel- und Denksportler: Diesmal seilen Sie Ihren Köder ab. Am besten geht das oberhalb einer Treppe: durch ein Geländer, dessen Ritzen und Spalten so schmal sind, dass zwar die Hunde-Angel mitsamt Köder durchpasst, nicht jedoch Ihr Hund.
Die besondere Herausforderung ist die Schwerkraft: Wenn Ihr Hund in Etappen zieht und zwischendurch die Schnur locker lässt, fällt der „Köder“ sofort wieder nach unten. Am besten, Sie knoten das obere Ende der Schnur am Treppengeländer fest. Lässt Ihr Hund beim Üben los – was am Anfang sicherlich häufiger vorkommen wird – müssen Sie nicht jedes Mal nach unten laufen.

Bitte mitdenken!
Wie immer gilt: Ehe Sie eine Spielanleitung befolgen, prüfen Sie, ob die Umsetzung für Ihren Hund gefahrlos möglich ist. Der Cliffhanger beispielsweise kommt nur dann in Frage, wenn Sie dafür eine absturzsichere Spielumgebung auftun.

Spezial

Knobelspiele – selbst gekauft

Sogenannte „intelligente Hundespiele“ sind in verschiedensten Variationen im Tierzubehör erhältlich. Erfahren Sie, worauf Sie beim Kauf achten sollten – und wie Ihre schon gekauften und bespielten Exemplare zu neuen Ehren kommen.

Die Gretchenfrage: Braucht man sie?

Wenn Sie so fragen: Eigentlich müssen Sie kein Spiel kaufen. Denn Ihr Haushalt ist voll von kostenlosen Möglichkeiten, Ihrem Hund durch das Ertüfteln bestimmter Mechanismen Gehirnjogging zu bieten. Allerdings macht es schlichtweg Spaß, sich und den Vierbeiner gelegentlich mit einem der meist schön gestalteten und hochwertig verarbeiteten Spielbretter zu erfreuen. Und selbstverständlich sind sie meist deutlich robuster als viele der verwendeten Haushaltsgegenstände, deren Eignung als Hundedenksportgerät mit Sicherheit kein Hersteller auf dem Schirm hatte...

Tipp: Materialwahl

Da Ihr Hund im wahrsten Sinne des Wortes mit Geduld und Spucke ans Werk geht: Ist das Spiel gut zu reinigen? Und: Besitzen die verwendeten Teile die richtige Größe – sind Sie also ausreichend groß für Ihren Molosser oder so klein, dass auch Ihr Chihuahua gut damit klar kommt?

Augen auf beim Spielekauf!

Die folgenden Auswahlkriterien helfen bei der Neuanschaffung eines Hunde-Brettspiels:

Schritt-für-Schritt

- Liegt eine Spielanleitung bei, die einen gut nachvollziehbaren Schritt-für-Schritt-Aufbau beschreibt?
- Wenn zum Lösen einer Aufgabe mehrere Schritte erforderlich sind: Ist das Spiel so konstruiert, dass jeder Schritt erst separat eingeübt werden kann?

Variabilität

- Welche Variationsmöglichkeiten gibt es, wenn Ihr Hund den Mechanismus geknackt hat? Ergibt sich aus Hundesicht ein unterschiedliches Bild oder muss ein Mechanismus in eine andere Richtung ausgelöst werden, wenn Sie das Spielbrett drehen?
- Ist das Spiel so konstruiert, dass Sie die Einzelelemente auf verschiedene Weise zusammensetzen können?

Pimp your game!

So sorgen Sie für Abwechslung und Gehirnjogging bei Ihren schon vorhandenen Hundebrettspielen:

Aus altbekannt mach neu!

- Präsentieren Sie Ihrem Hund das Spiel anders als gewohnt: Wenn Ihr Hund es einmal in üblicher Weise absolviert hat, drehen Sie es beispielsweise um 90° nach rechts oder links oder um 180° herum. Oder halten Sie das Spiel leicht gekippt oder etwas höher als gewohnt.
- Bauen Sie zusätzliche Herausforderungen ein: Stellen Sie das Spiel in einen Karton, decken Sie es mit einer Decke oder einem Eimer ab, schieben Sie es unter das Sofa (so dass Ihr Hund es erst hervorholen muss), lassen Sie es Ihren Hund in einem Tunnel, auf einer halbaufgeblasenen Luftmatratze oder auf einer raschelnden Plastikplane lösen.

Spiele-Rallye für Mehrspielbesitzer

- Setzen Sie sämtliche Hundebrettspiele, die Sie besitzen, nebeneinander und verstecken Sie eine Handvoll Futter darin.
- Verteilen Sie Ihre Brettspiele in verschiedenen Räumen der Wohnung und schicken Sie Ihren Hund auf die Suche. Für erfahrene Rallye-Spieler dürfen Sie die Spiele zusätzlich verstecken oder mit Herausforderungen wie oben beschrieben kombinieren.
- Übrigens können bei der Rallye auch robuste Knobelspiele aus Haushaltsgegenständen mit zum Einsatz kommen, beispielsweise ein „Eimer-Hütchen“ oder ein hoher Karton mit darin liegendem Leckerbissen.

Spieletauschring

- Tauschen Sie Ihre Spiele vorübergehend mit denen anderer Hundefreunde: Wenn sich jeder ein anderes Spiel anschafft und diese untereinander ausgeliehen werden, ist Abwechslung garantiert.

Selbst gebaut statt selbst gekauft?

Es gibt eine Menge handwerklich geschickter Hundebesitzer, die großen Spaß daran haben, Hundebrettspiele für ihren Vierbeiner nachzubauen oder ganz neue abenteuerliche Konstruktionen zu erfinden und umzusetzen. Das ist wunderbar! Wenn Sie sich inspirieren lassen möchten, gehen Sie im Internet auf die Suche. Dort finden Sie eine Fülle von Ideen und Bauanleitungen!

Kopfnuss-Mix

für Querdenker

Flaschendrehen

Der Knobelspaß

Jetzt geht's rund, mit Pfote oder Schnauze: Die drehbare Flasche auf der Querstange mit all ihren Variationen ist ein Denksport-Dauerbrenner, den auch Ihr Hund lieben wird.

Voraussetzungen

- keine

Zubehör

- 1 stabile transparente PET-Flasche (nicht größer als die Bauchhöhe Ihres Hundes; je kleiner, desto einfacher das Spiel)
- 1 Querstange, zum Beispiel Bambuspflanzstab aus dem Baumarkt, etwa 70-80 cm Länge, Durchmesser 0,8 cm
- genügend kleine Futterbröckchen (trocken und gut rollend)

Vorbereitungen

- Bohren Sie zwei gegenüberliegende Löcher in die Seiten der Flasche – ausreichend groß, dass Ihre Querstange gut hindurchpasst (zum Beispiel Löcher mit Durchmesser 1 cm)
- Schieben Sie dann die Flasche auf die Querstange.

Schritt für Schritt

1. Halten Sie die Querstange an beiden Enden gut fest – und in so einer Höhe, dass sich die Flaschenöffnung leicht unterhalb der Hundenasenhöhe befindet. Das ist Ihre Grundposition in diesem Spiel.
2. Starten Sie mit waagerecht gehaltener Flasche. Dazu schieben Sie Ihre Hände an der Querstange von beiden Seiten so dicht an die Flasche, dass Sie sie fixieren (und gegebenenfalls auch kippen) können. Legen Sie ein

Schnellstart mit Becher
Manche Hunde tun sich besonders leicht, wenn Sie anstelle der Flasche zunächst mit einem stabilen Kunststoff-Becher starten. Dabei ist die Futterverlockung direkt vor der Hundenase, kann aber durch die Querstange nicht erreicht werden. Wenn Ihr Vierbeiner sich bemüht, mit der Schnauze in den Becher zu gelangen, kippt dieser fast automatisch – oder Sie können dafür sorgen, dass er kippt.

Mit der richtigen Handhaltung können Sie anfangs nachhelfen, damit die Flasche schnell kippt. Später knobelt Ihr Hund selbstständig.

Stück Futter unmittelbar hinter die Öffnung. Wenn Ihr Hund neugierig daran schnuppert, kippt die Flasche (oder Sie sorgen dafür, dass sie kippt) und das Futter fällt auf den Boden. Ihr Hund lernt so: Das Futter ist in der Flasche – und sie muss sich bewegen, damit es herausfällt. Wiederholen Sie dies, bis Sie – bei unverändert waagerecht gehaltener Flasche – nicht mehr nachhelfen müssen, damit das Futter fällt.

3. Lassen Sie die Flasche „ganz normal" senkrecht hängen. Halten Sie Ihre Hände aber immer noch so nah an der Flasche, dass Sie beim Kippen nachhelfen können. Werfen Sie vor den Augen des Hundes ein Stückchen Futter in die Flasche. Sobald er sich mit der Schnauze an der Öffnung zu schaffen macht oder mit der Pfote an der Flasche kratzt, kippen Sie die Flasche um, damit das Futter herausfällt.
4. Lassen Sie Ihren Hund allmählich länger an der Flasche arbeiten, bis Sie sie umkippen. Wenn Sie das Gefühl haben, Ihr Hund käme schneller zum Erfolg, wenn Sie die Flasche etwas tiefer oder höher halten: Ändern Sie die Position entsprechend!

Irgendwann kommt der Moment: Ihr Hund wird die Flasche selbstständig zum Kippen bringen! Toll!

Variationen

Höhenspiel

- Probieren Sie aus, ob es einen Unterschied macht, in welcher Höhe Sie die Flasche halten. Manche Hunde tendieren dazu, die Pfoten einzusetzen, wenn die Flasche vergleichsweise niedrig gehalten wird, und arbeiten eher mit der Schnauze, wenn sie höher hängt.
- Wenn Ihre Flasche groß genug ist: Bohren Sie gegenüberliegende Löcher in unterschiedlichen Höhen – und variieren Sie so den Schwierigkeitsgrad. Je weiter unten die Löcher, umso schneller kippt die Flasche. Je weiter oben, desto mehr Kraft muss aufgebracht werden.

Formenspiel

- Experimentieren Sie mit unterschiedlich großen Flaschen und Bechern: Vom winzigen Joghurtdrink-Fläschchen bis zur 1,5 Liter-Flasche ist alles möglich.
- Überlegen Sie, welche Behältnisse sich noch für Ihr Flaschendrehen eignen: Chipsdosen oder Röhrchen von Vitamin-Tabletten (jeweils gründlich von Rückständen des ursprünglichen Inhalts gereinigt) können Sie beispielsweise auf gleiche Weise durchbohren und verwenden wie Flaschen oder Becher.
- Gar nicht bohren müssen Sie für Kunstofftassen mit Henkel, die Sie – an den Henkeln – mit Öffnung nach vorne oder hinten aufhängen können.

Multi-Dreh

- Wenn Sie schon mit verschiedenen Formen gespielt haben: Bringen Sie sie gleichzeitig ins Spiel und schieben Sie auf Ihre Querstange gleich mehrere Becher, Flaschen und andere Behältnisse!

Flaschenständer

- Wenn Sie handwerklich geschickt sind und Spaß am Basteln haben: Bauen Sie ein Gestell für das Flaschendrehen, so dass Sie die Flasche nicht selbst halten müssen.
- Wer es ganz einfach mag, kann – je nach Flaschengröße – eine Kunststoff-Transportbox zum Gestell umwandeln: Einfach (mit der Öffnung nach vorne) auf die Seite legen, eine ausreichend lange Querstange durch die Tragegriffe schieben, Flasche(n) oder Becher auffädeln – fertig!

Auf der Leine

Ersetzen Sie Ihre Querstange zur Abwechslung mal durch eine Leine oder ein Stück Seil, auf das Sie Ihre Flaschen und Becher schieben:

- Halten Sie das Seil entweder zu zweit, oder binden Sie das eine Ende an einem Geländer, Zaun oder standfestem Möbelstück fest und halten das andere Ende in der Hand.
- Variieren Sie, ob das Seil locker durchhängt oder straff gespannt ist, oder ob Sie es höher oder niedriger halten.
- Fädeln Sie gleich mehrere Flaschen und Becher auf.
- Überlegen Sie, was Sie noch an die Leine hängen können, zum Beispiel einen Kindereimer, eine kleine Kunststoff-Aufbewahrungsbox, einen flexiblen Kunststoffkorb...

Chipsomat

Der Knobelspaß

Von der Chipsdose zum Spielautomaten mit Gewinngarantie: Fällt der Deckel, fällt das Futter!

Voraussetzungen

- keine

Zubehör

- eine leere, gut gereinigte Chipsdose
- genügend kleine Futterbröckchen

Schritt für Schritt

1. Ehe Ihr Hund dazukommt, üben Sie die Grundposition für dieses Spiel: Drehen Sie die Chipsdose um (Deckel nach unten). Nehmen Sie die Dose so in eine Hand, dass Sie mit dem kleinen Finger den Deckel bedienen können. Versuchen Sie, mit dem kleinen Finger den geschlossenen Deckel zu öffnen, so dass er zu Boden fällt. Probieren Sie auch, den Deckel festzuhalten, wenn er nur locker auf der Öffnung liegt – und ihn von einer Sekunde auf die andere fallen zu lassen. Klappt das, setzen Sie sich so hin, dass Sie die Dose bequem in Hundenasenhöhe festhalten können und holen Sie den Vierbeiner dazu.
2. Bringen Sie Ihrem Hund als erstes bei, wo in diesem Spiel das Futter zu finden ist (unten in der Dose, auf dem Deckel liegend), und zeigen Sie ihm, dass er eine Chance hat, daran zu kommen. Dazu legen Sie ein Futterbröckchen in den Deckel, schließen ihn aber nicht, sondern halten ihn mit dem kleinen Finger so fest, dass er einen breiten Spalt offen steht. Aus diesem Spalt darf Ihr Hund das Futterstück fressen. Wiederholen Sie dies mehrmals – und beginnen Sie nach ein paar Malen den Deckel mitsamt Futter fallen zu lassen, sobald Ihr Hund die Schnauze in den Spalt steckt. Er lernt so: „Fallender Deckel = Futter!“
3. Wiederholen Sie Schritt 2, nur lassen Sie jetzt den Spalt des geöffneten Deckels allmählich schmaler werden. Wann immer Ihr Hund seine Nase hindurchschiebt, um ans Futter zu gelangen, lassen Sie den Deckel fallen. Das tun Sie übrigens auch, wenn Ihr Hund seine Pfote einsetzt – denn bei diesem Spiel kann er sowohl mit der Pfote als auch mit der Schnauze erfolgreich sein.
4. Lassen Sie – bei nur noch leicht geöffnetem Spalt – Ihren Hund immer ausdauernder mit Schnauze oder Pfote am Deckel arbeiten, ehe Sie diesen fallen lassen. Lassen Sie den Deckel vorzugsweise dann los, wenn der Hund besonders zielgerichtet aktiv ist (zum Beispiel mit den Zähnen daran zieht oder mit der Pfote die Deckelkante trifft).

5. Wenn Sie das Gefühl haben, Ihr Hund bringt genügend Ausdauer mit und hat die richtige Technik zum Lösen des Deckels herausgefunden: Schließen Sie die Dose komplett. Versuchen Sie dabei anfangs, den Deckel so locker wie möglich aufzulegen. Halten Sie den Zeigefinger so in Position, dass Sie notfalls nachhelfen können, wenn Ihr Hund sich zu lange vergeblich bemüht.

Variationen

Ihr Vierbeiner beherrscht die Technik? Mit kleinen Änderungen sorgen Sie für neues Gehirnjogging:

- Halten Sie die Dose höher oder tiefer als gewohnt, so dass Ihr Hund seine Technik leicht anpassen muss. Vielleicht wechselt er je nach Höhe sogar das eingesetzte „Werkzeug" (von Schnauze auf Pfote oder umgekehrt)?
- Beginnen Sie, die Ausrichtung Ihres Chipsomaten von der vertrauten Ausgangsposition (Deckel nach unten) Schritt für Schritt zu ändern – bis dass die Öffnung zur Seite (statt nach unten) zeigt.
- Wenn Sie mögen, treiben Sie die Schritt-für-Schritt-Positionsänderung so lange weiter, bis die Öffnung nach oben zeigt. Das macht eine ganz andere Technik erforderlich! Sie müssen dann bloß durch schnelles Umdrehen der Dose dafür sorgen, dass das Futter herausfällt, sobald der Deckel entfernt ist.
- Mixen Sie die unterschiedlichen Positionen und Haltehöhen bunt durcheinander.

Halten Sie die Dose zunächst so, dass Sie den Deckel jederzeit herunterfallen lassen können. Der Spalt wird dabei immer schmaler und Ihr Hund muss sich zunehmend anstrengen.

Tresorknacker

Der Knobelspaß

Öffnungsmechanismen von Kartons und Frischhalteboxen knacken – das ist die Devise in diesem Spiel.

Voraussetzungen

- keine

Zubehör

- für die Basisvariante: 1 Karton mit Deckel zum Abnehmen, zum Beispiel 1 Schuhkarton
- genügend kleine Futterbröckchen

Schritt für Schritt

1. Stellen Sie den Karton auf den Boden. Setzen Sie sich so daneben, dass Sie den Karton gut festhalten und gegen Verrutschen und Verschieben sichern können, während Ihr Hund daran arbeitet. Das ist Ihre Grundposition für sämtliche Schritte in diesem Spiel.
2. Nehmen Sie den Deckel ab, legen Sie ein Stück Futter in den Karton und lassen Sie Ihren Hund es aus dem geöffneten Karton fressen. Er lernt so, wo das Futter in diesem Spiel zu finden ist – und dass er eine Chance hat, daran zu kommen.
3. Legen Sie erneut ein Stück Futter in den Karton. Nehmen Sie nun den Deckel und platzieren Sie ihn diagonal auf dem Karton. Ihr Hund gelangt zwar unverändert mit der Schnauze in den Karton, bewegt dabei jedoch automatisch schon den Deckel.
4. Ändern Sie die Position des Deckels nach dem Einfüllen des Futterstücks so, dass die seitlichen Öffnungen allmählich kleiner werden – und der Deckel sich seiner „Endposition" annähert. Ihr Hund muss den Deckel nun gezielt beiseite schieben, um ins Innere des Kartons zu gelangen.
5. Legen Sie den Deckel nach dem Einfüllen des Futterstücks so auf den Karton, als wollten Sie ihn schließen – allerdings legen Sie ihn zunächst nur ganz locker auf.
6. Ist Ihr Hund erfolgreich, kommt der spannende Moment: Sie schließen den Karton nach dem Einfüllen des Futters komplett und werden sehen: Ihr Hund hat Tresorknacker-Qualitäten!

Karton gut festhalten, Deckel nur locker auflegen: Diese Startposition beschert schnelle Erfolge und sorgt dafür, dass der Vierbeiner bald auch fest verschlossene „Tresore“ öffnen kann.

Variationen

Tresorknacker-Gesellenprüfung

Tauchen Sie ein in die Welt des Deckel-Denksports und entdecken Sie die unterschiedlichen Öffnungsmechanismen von Kartons, Kisten und Frischhalteboxen. Jede kleine Änderung ist Futter für das Hundehirn und lässt für einen Moment alles „neu" erscheinen!

- Spielen Sie mit anderen Kartons und Kisten, die einen abnehmbaren Deckel haben: unterschiedlich groß und unterschiedlich schwer.
- Nehmen Sie sich Kartons mit Klappdeckeln vor und bespielen Sie sie nach dem gleichen Prinzip wie in der Basisanleitung beschrieben: Erst ist der Deckel weit geöffnet, allmählich senken Sie ihn immer mehr ab, schließlich ist er locker geschlossen und am Ende ganz zu.
- Probieren Sie Gleiches mit Frischhalteboxen aus – mit abnehmbarem Deckel und mit Klappdeckel. Hier braucht es schon etwas mehr Technik und Feingefühl, den Deckel schließlich mit spitzen Lippen zu lockern

Gut festhalten, bitte!
Nicht vergessen: Je besser Sie den Karton oder die Frischhaltebox festhalten, umso schneller wird Ihr Hund ein Gefühl für den Öffnungsmechanismus bekommen.

Haushaltsgegenstände kreativ kombiniert: Hier wird der Blumenuntersetzer zum Deckel für den Eimer.

Deckeldenksport-Meisterstücke

- Egal, mit welchen Öffnungsmechanismen Sie spielen: Ab jetzt ist nichts mehr so, wie es mal war!
- Halten Sie Karton, Kisten und Boxen anders herum, als Ihr Hund es gewohnt ist: Lassen Sie den Deckel nach rechts, nach links, nach hinten oder sogar (je nachdem, wie fest er aufliegt) nach unten zeigen! Zu viel der Änderung für Ihren Hund? Dann gehen Sie zurück in die vertraute Ausgangsposition und verändern Sie sie Schritt für Schritt in Richtung Zielposition!
- Legen Sie sich zwei oder sogar drei Kartons, Kisten und Boxen mit verschiedenen Öffnungsmechanismen bereit – und präsentieren Sie Ihrem Hund bei jedem Versuch eine andere, dazu noch jeweils in unterschiedlichen Positionen (Deckel nach oben, unten, vorne, hinten, rechts oder links).
- Spielen Sie Matroschka (so heißen die ineinander schachtelbaren russischen Puppen) – und legen Sie mehrere verschlossene Kartons, Kisten, Boxen oder Schachteln ineinander: Hat Ihr Hund eine Schachtel geöffnet, findet er darin eine weitere verschlossene, darin wieder eine und so weiter. Damit ihm die Puste nicht ausgeht: Deponieren Sie zunächst in jeder Schachtel auch ein Stück Futter. Unterstützen Sie ihn, indem Sie die jeweils neu gefundene Schachtel aus der geöffneten herausnehmen und für ihn gut festhalten, damit er sie ebenfalls öffnen kann.

Futter für das Hundehirn: Jede Drehung des Kartons erfordert andere Techniken, um den Deckel zu öffnen.

Sesam öffne dich!

Der Knobelspaß

Wie im Märchen: Der Schatz ist in einer Höhle, der Eingang versperrt – aber wer clever und mutig ist, wird es schaffen!

Voraussetzungen

- keine

Zubehör

- 1 Röhre, groß genug für Ihren Hund (Kinderkriechtunnel, großer Karton, Gartenlaubsack, Eimer, Tunnel aus dem Hundesport)
- 1 oder mehrere „Verschlüsse" und „Blockaden" für die Röhre, beispielsweise Wolldecke, Wasserball, kleinere Kartons
- genügend kleine Futterbröckchen

Schritt für Schritt

1. Setzen Sie sich neben den „Tunnel" und fixieren Sie ihn so, dass er nicht umfallen, wegrutschen oder wegrollen kann. Das ist Ihre Grundposition für dieses Spiel.
2. Testen Sie, ob bereits der Tunnel eine Herausforderung für Ihren Hund darstellt: Legen Sie ein Stück Futter so weit hinein, dass Ihr Hund ganz darin verschwinden muss, um es herauszuholen. Kein Problem? Dann darf Ihr Hund dies noch 4 Mal wiederholen (damit er genau weiß, wo in diesem Spiel das Futter zu finden ist), bevor es weiter geht mit Schritt 4! Eine Herausforderung? Dann freuen Sie sich über zusätzlichen Denksport und folgen Sie zunächst der Anleitung zu Schritt 3.
3. Um Ihren Hund mit dem Tunnel vertraut zu machen: Legen Sie ein Stück Futter ganz in die Nähe des Eingangs, so dass Ihr Hund nur die Nase hineinstecken muss, um es herauszuholen. Das klappt mühelos? Dann legen Sie das Futter beim nächsten Versuch ein kleines Stück weiter nach hinten. Ihr Hund schafft es, aber Sie merken ihm die Herausforderung an? Dann bleibt die Position des Futters bei den nächsten Versuchen die gleiche – so lange, bis Ihr Hund sie mehrere Male mühelos bewältigt. Gehen Sie weiter auf diese Weise vor, bis das Futterstück tief im Tunnel verschwunden ist und Ihr Hund es jedes Mal mutig wieder herausholt. Ihr Hund wagt sich nicht einmal mit der Nasenspitze in den Tunnel? Dann lassen Sie sein Selbstbewusstsein zunächst mit den Spielen im Kapitel „Wunderwelt der Hütchenspiele" wachsen!
4. Jetzt erschweren Sie den Zugang zum Futter! Packen Sie Hindernisse in den Weg, die Ihr Hund erst wegräumen muss: Hängen Sie eine Decke oder eine Plastikplane über den Eingang. Verschließen Sie den Gang mit einem Wasserball (nicht ganz aufgeblasen, damit er nicht platzt, wenn sich Ihr

Hund daran zu schaffen macht). Stopfen Sie eine Wolldecke in die Röhre. Montieren Sie zusätzlich eine Tür vor die Röhre (indem Sie einen großen Karton mit aufklappbarem Deckel vorschalten oder direkt als Röhre verwenden). Blockieren Sie den Gang zusätzlich mit hineingeschobenen kleineren Kartons. Wann immer Ihr Hund vor unlösbaren Problemen steht: Schalten Sie einen Schritt-für-Schritt-Aufbau dazwischen, indem Sie die Röhre erst nur locker verschließen und erst nach und nach immer schwerer zugänglich machen.

Variationen

Sie haben schon verschiedenste Hindernisse durchgespielt? So sorgen Sie für zusätzliche Abwechslung:

- Lassen Sie Ihren Hund zusätzlich querdenken: Drehen Sie die Öffnung um 90° nach rechts oder links, oder um 180° nach hinten. Schieben Sie die Öffnung zur Abwechslung vor eine Wand, so dass Ihr Hund erst den ganzen Tunnel beiseite schieben muss, um hinein zu kommen.
- Wenn Ihr Hund kühn und mutig ist, dürfen Sie loslassen! Der Tunnel darf dann ruhig wackeln, rollen und rutschen – mit dem unerschrockenen Abenteurer darin!

Dieser Sesam ist schon geöffnet: Karton mit Klapptür und Tunnel waren ineinander gesteckt. Zusätzlicher Knobelfaktor: Ein Wasserball in der Röhre

Das Zaun-Experiment

Der Knobelspaß

Klassischer Versuchsaufbau aus der Hunde-Kognitionsforschung: Der Vierbeiner hat Futter oder Spielzeug zwar direkt vor der Nase, muss sich jedoch davon lösen und einen kleinen Umweg laufen, um dranzukommen.

Voraussetzungen

- Je mehr Knobelerfahrung Ihr Hund hat, umso besser sind die Chancen, dass er auf Anhieb erfolgreich ist!

Zubehör

- Für die Basisanleitung: einen mobilen, transparenten „Zaun", über den Ihr Hund nicht springt (Welpengitter, Laufstall, je nach Größe Ihres Hundes auch Kaninchengitter). Kein Problem, wenn Sie den nicht haben: Lesen Sie unter den Variationen nach, mit welchem Zubehör Sie noch spielen können!
- attraktives Futter oder Spielzeug

Vorbereitungen

- Stellen Sie den Zaun so auf, dass er ein „V" bildet.
- Wichtig: Stellen Sie ihn so auf oder sichern Sie ihn während des gesamten Spiels durch Festhalten so ab, dass er nicht umfallen kann.

Schritt für Schritt

1. Probieren Sie zunächst aus, ob Ihr Hund auf Anhieb erfolgreich ist: Gehen Sie mit ihm ins Innere des „V". Schieben Sie vor seinen Augen Futter oder Spielzeug durch den Zaun, so dass es auf der anderen Seite, an der Spitze des V, liegen bleibt – für Pfote und Schnauze unerreichbar. Fordern Sie Ihren Hund auf, sich Futter oder Spielzeug zu holen. Schafft Ihr Hund es – sofort oder nach ein wenig Nachdenken – selbstständig um den Zaun herumzulaufen? Grandios! Wenn Sie mögen, stellen Sie seine Problemlösefähigkeiten – sofort oder später – mit einer der auf Seite 98 beschriebenen Variationen auf die Probe. Falls nicht: Total normal – so geht es den meisten Hunden. Lesen Sie hier weiter und helfen Sie ihm Schritt für Schritt auf die Sprünge.
2. Sie bleiben mit Ihrem Hund auf der Innenseite des V, starten jedoch vom äußeren Rand aus. Legen Sie vor den Augen Ihres Vierbeiners ein Stück Futter „um die Ecke herum", an die Außenseite des V. Wenn Sie Ihren Hund jetzt auffordern, sich das Futter zu holen, wird er sofort erfolgreich sein.
3. Schieben Sie aus gleicher Position als nächstes das Futter *durch* den Zaun (statt die Hand *um die Ecke herum* zu führen) .

4. Verlagern Sie Ihre Ausgangsposition immer weiter in das Innere des V hinein und schieben Sie jeweils das Futter so durch den Zaun, dass es auf der Außenseite des V in gleicher Höhe liegen bleibt.
5. Sie sind wieder in der Mitte des V angekommen und Ihr Hund hat den Dreh raus? Wunderbar! Wenn Sie Lust haben, probieren Sie eine der Variationen aus!

Intelligenztest? Nein!

Es hat nichts mit mangelnder Intelligenz zu tun, wenn Ihr Hund den Weg um den Zaun nicht auf Anhieb schafft! Das ist sogar ganz normal und hängt damit zusammen, dass unseren Vierbeinern im langen Zusammenleben mit uns Menschen die Fähigkeit zum selbstständigen Problemlösen immer mehr abhanden gekommen ist. Knobelspiele können dazu beitragen, diese wieder zu verbessern!

Variationen

Zaunumbau

Schauen Sie, ob es einen Unterschied macht, wenn Sie Ihren Zaun aus der Basisanleitung anders präsentieren als gewohnt:

- Sie starten wieder von der Spitze des „V" – nur diesmal an der Außenseite
- Machen Sie aus dem „V" ein „U"
- Stellen Sie den Zaun so linienförmig wie möglich (besonders gut sichern, weil er dann meist instabiler steht) auf und starten Sie von der Mitte aus.

Umleitungsmix

Überlegen Sie, wie Sie ähnliche Situationen noch herstellen können – für jede wird Ihr Hund neu grübeln müssen:

- Spielen Sie das gleiche Spiel an einem Gartenzaun mit offenem Tor.
- Ihr Sofa steht auf Füßen, aber Ihr Hund passt nicht drunter? Und es steht so weit von der Wand entfernt, dass der Vierbeiner durch den Spalt zwischen Sofa und Wand laufen kann? Dann platzieren Sie sich mit Ihrem Hund mittig vor dem Sofa und schieben Sie Spielzeug oder Futter vor seinen Augen unter dem Sofa hindurch auf die andere Seite.
- Nehmen Sie einen großen Karton ohne Deckel und legen Sie ihn so auf die Seite, dass die Öffnung nach hinten und der Boden nach vorne zu Ihnen zeigt. Schneiden Sie in etwa auf Nasenhöhe Ihres Hundes eine kleine Öffnung in den Kartonboden. Platzieren Sie sich mit Ihrem Hund vor dem Kartonboden und werfen vor seinen Augen ein Stück Futter durch den Schlitz ins Innere des Kartons. Halten Sie den Karton gut fest!
- Nehmen Sie eine transparente Transportbox. „Kleben" sie etwas gut haftendes Futter (Schmelzkäse, Leberwurst oder ähnliches) unten in die Kiste. Stellen Sie die Box hochkant so auf die Seite, dass der Boden zu Ihnen und die Öffnung nach hinten zeigt. Holen Sie Ihren Hund zu sich. Machen Sie ihn auf das durch den Kistenboden sichtbare Futter aufmerksam und fordern Sie ihn auf, es sich zu holen. Halten Sie die Kiste dabei gut fest.
- Sie besitzen einen Gartenstuhl mit Gittergeflecht – und Ihr Hund hat die passende Größe, dass er einerseits unter dem Gartenstuhl stehen kann, andererseits aber auch mit den Vorderpfoten auf die Sitzfläche gelangen könnte? Legen Sie ein Polster auf den Stuhl. Platzieren Sie ein Stück Futter unter dem Polster, auf der Sitzfläche mit Gittergeflecht. Holen Sie Ihren Hund, führen Sie ihn unter den Gar-

Mit offenen Augen durch den Alltag: Auch auf dem Spaziergang findet sich so manche Möglichkeit zum Querdenken, wie hier an der Parkbank!

tenstuhl und machen Sie ihn darauf aufmerksam, dass sich über seinem Kopf etwas Leckeres befindet. Fordern Sie ihn auf, sich den Leckerbissen zu holen.

Abgeguckt und nachgemacht!

Wenn Sie Lust auf ein kleines Experiment haben – und in Ihrem Haushalt lebt noch ein weiterer Vierbeiner oder es kommt einer zu Besuch, der das Spiel bislang noch nicht ausprobiert hat:

- Spielen Sie das Spiel mit ihm so, wie unter der Basisanleitung beschrieben.
- Es gibt allerdings einen wesentlichen Unterschied: Anstatt das Futter oder Spielzeug durch den Zaun zu schieben, behalten Sie es in der Hand, gehen vor den Augen des wartenden Hundes um den Zaun herum, legen es ab und kommen dann wieder zurück. Wenn der Vierbeiner nicht auf ein Signal warten kann, brauchen Sie einen netten zweibeinigen Helfer, der ihn vorsichtig festhält. Dann fordern Sie den Hund auf, sich das Futter oder Spielzeug zu holen.

Und? Geht es dem vierbeinigen Mitspieler so, wie den Hunden im Forschungslabor? Die haben sich nämlich sehr leicht getan, wenn sie vorher einmal beobachten durften, wie der Mensch um den Zaun herum geht. Übrigens klappte es genau so gut, wenn die Vierbeiner einem anderen Hund oder sogar einem ferngesteuerten Auto beim Umgehen des Zaunes zusehen durften.

Futter im „Schaufenster“: Kommt Ihr Hund auf die Idee, die Klarsichtbox zu umrunden?

Spezial

Knobelspiele-Erfinder-Diplom

Neu + anders = Denksport: Diese Formel für unendlichen Knobelspaß sollte Ihnen nach der Lektüre dieses Buches bestens vertraut sein. Dazu das Wissen darum, wie einfach es uns unsere Hunde machen, Spiele zu variieren – und Sie halten Ihr Knobelspiele-Erfinder-Diplom quasi in den Händen und können Ihren Vierbeiner ein Leben lang mit Knobel-Nachschub versorgen.

Wenn Sie die Spielanleitungen aufmerksam gelesen und mitgedacht haben, dann haben Sie mit Sicherheit schon ein Gefühl dafür bekommen, wie unkompliziert und vielfältig sich Abwandlungen selbst altbekannter Spiele herstellen lassen.

Natürlich ist nicht jede Variation eine Herausforderung für Ihren Hund. Manche wird er blitzschnell lösen – dann wechseln Sie einfach sofort zur nächsten. Ab und an werden Sie jedoch überrascht sein: Da, wo Sie es vielleicht nie gedacht hätten, gerät Ihr Hund ins Knobeln.

Damit Ihnen künftig auch ohne Anleitung viele Variationen einfallen, gehen wir das Ganze noch einmal systematisch an – und geben Ihrer Karriere als Knobelspiele-Erfinder den letzten Schub.

Auf in die Ideenschmiede!

- Greifen Sie zu einem beliebigen Gegenstand.
- Wenn Sie ein eher praxisorientierter Mensch sind: Nehmen Sie sofort Ihren Hund dazu, und spielen Sie all Ihre Einfälle direkt durch.
- Wenn Ihnen das Nachdenken Spaß macht: Nehmen Sie sich zunächst Stift und Zettel und halten Sie all Ihre Ideen erst auf Papier fest, ehe Sie sie durchspielen.

Das Spiel mit der Form

Schauen Sie nun den Gegenstand genau an. Spielen Sie mit der Form, nehmen Sie sie mit dem Blick fürs Detail wahr. Und dann probieren Sie aus oder schreiben Sie auf: Welche Knobelspiele fallen Ihnen ein? Denken Sie in alle Richtungen:

1. Anders ausgerichtet

Bringen Sie den Gegenstand in alle denkbaren Positionen: Drehen Sie ihn herum, stellen Sie ihn auf den Kopf, bringen Sie ihn in Seitenlage. Wenn Sie den Gegenstand für ein erdachtes Spiel in der Hand halten: Macht es einen Unterschied, ob Sie ihn höher oder tiefer halten? Jeder Positionswechsel bringt neue Möglichkeiten!

2. Neu kombiniert

Welche Kombinationsmöglichkeiten mit anderen Gegenständen bietet die Form? Gibt es Öffnungen, die mit anderen Gegenständen verschlossen werden können? Kann der Gegenstand an einer Stange oder einem Seil aufgehängt werden – und ergibt sich dadurch eine neue Herausforderung?

3. Mit Ortswechsel

Weil Hunde sehr detailverliebt lernen und Orte gerne mit einbeziehen: Jeder Wechsel des Spielortes führt dazu, dass der Vierbeiner kurz neu nachdenken muss. Und noch mehr: Oft funktionieren die ertüftelten Mechanismen an neuen Orten nicht mehr so gut. Wenn zum Beispiel der Bodenbelag ein anderer ist (glatt oder uneben) oder, wenn das Spiel in ganz ungewohnter Situation präsentiert wird (zum Beispiel in einem Karton, unter dem Sofa, in einem Tunnel, auf einem Wackelbrett, auf einen Stuhl gestellt und so weiter).

4. Gleiches Spiel – anderes Requisit

Überraschen Sie Ihren Hund, indem Sie für das gleiche Spielprinzip mitten im Spiel das Requisit austauschen. Beispiel: Sie spielen ein Hütchenspiel mit einem umgedrehten Eimer und tauschen ihn erst gegen eine Schüssel, dann gegen einen Karton, dann gegen einen umgedrehten Wäschekorb aus. Obwohl der Mechanismus der gleiche ist (weg- oder umschubsen, um an das Futter zu gelangen) verlangt jede neue Form andere Techniken.

Seien Sie sicher: Je öfter Sie zum Daniel Düsentrieb der Knobelspiele werden, umso schneller und zahlreicher fliegen Ihnen die Ideen zu! Es könnte außerdem sein, dass Sie künftig mit anderen Augen durch Baumärkte, Supermärkte oder Flohmärkte gehen – mit dem Blick für interessante Formen, Kartons und Verpackungen. Spätestens dann wissen Sie: Sie haben das Knobelspiele-Erfinder-Diplom in der Tasche!

Für jeden verschieden!

In jedem Kopf schlummern andere Ideen. Außerdem bieten sich je nach Größe des Hundes verschiedenste Möglichkeiten, Dinge zu bespielen. Daher wird jede(r) von Ihnen für ein und denselben Gegenstand vermutlich eine andere Spieleliste zu Papier bringen.

Denksport

... geht noch viel weiter!

Knobelspiele sind nur eine Möglichkeit, dem Vierbeiner Gehirnjogging zu bieten. Erfahren Sie, wie Sie darüber hinaus dazu beitragen können, dass Ihr Hund sein ganzes Leben lang fit im Kopf bleibt.

Denksport: Das Grundprinzip

Geistig fit und flexibel – und das von klein auf bis ins hohe Alter: Das wünschen wir Menschen uns nicht nur für uns selbst, sondern auch für unsere Hunde. Was wir aus dem Humanbereich wissen und auch auf unsere Vierbeiner übertragen können: Bei einem guten Gehirntraining geht es nicht darum, Spezialfertigkeiten in Perfektion zu üben. Auch ist bis heute nicht wirklich klar, welche der vielen Denksportprogramme tatsächlich wirksam sind und welche nicht. Über eines sind sich die Gelehrten jedoch einig:

Die beste Gewähr für geistige Fitness ist ein abwechslungsreicher, anregender Lebenswandel!

Sie wissen ja: Das Gehirn kommt immer dann in Schwung, wenn etwas „neu" ist und nicht routinemäßig abgearbeitet werden kann. Es regelmäßig mit neuen Sinneseindrücken zu versorgen und ihm kleine alltagsnahe Herausforderungen zu bieten, hält fit im Kopf. Am besten ist es, geistig und körperlich anregendes Tun miteinander zu kombinieren – also im wahrsten Sinne des Wortes Denksport zu betreiben. Wie Sie Ihrem Hund all dies bieten können, ist erstaunlich einfach!

Die Mahlzeit als Denksport

Dass in der Natur das Futter meist nicht auf dem goldenen Tablett serviert wird, sondern – unter Anwendung verschiedenster Strategien – aufgestöbert, zerlegt oder herausgearbeitet werden muss, haben Sie im Zusammenhang mit den Knobelspielen bereits kennengelernt. Es gibt noch mehr Möglichkeiten, diese Alltagsherausforderung auf einfachste Weise zu simulieren und Ihrem Hund dadurch artgerechte Fütterung und Gehirnjogging zugleich zu bieten:

- Füttern Sie seltener aus dem Napf, sondern stopfen Sie das Futter in einen Kong oder ähnliche **Naturkautschuk-Spielzeuge**. Gehen Sie im Internet auf Rezeptsuche und variieren Sie gelegentlich die Füllungen. Jede Spielzeugform und jede Füllung verlangt eigene Strategien, damit das Futter freigegeben wird. Gleiches gilt für Futterbälle und Co, die sich für die Befüllung mit Trockenfutter oder Hundekeksen eignen.

- Wickeln Sie die gefüllten Kau- und Futterspielzeuge gelegentlich in Packpapier oder eine Wolldecke ein oder packen Sie sie in Kartons. Verstecken Sie sie zusätzlich in Haus und Garten, so dass Ihr Hund **erst suchen und dann auspacken** darf, bevor es ans eigentliche Herausarbeiten geht.

Zeitunglesen und Kaffeeklatsch

Der Spaziergang ist eine ideale Gelegenheit, das Hundehirn mit Neuigkeiten zu füttern: Jeder aufgenommene Umweltreiz will verarbeitet werden und bringt so die grauen Zellen in Schwung.

- Entdecken Sie die **Langsamkeit**: Geben Sie Ihrem Vierbeiner bewusst viel Zeit, am Laternenpfahl die Hundezeitung zu studieren oder bei „Hundefacebook“ am Grasbüschel mitzumachen. Das klingt banal und beinahe selbstverständlich. Weil wir Menschen jedoch nicht „mitlesen“ können, gehen wir häufig weiter – und treiben unsere Hunde dadurch ungewollt zur Eile an. Bleiben Sie deshalb öfter bei Ihrem Hund stehen, während er schnüffelt – und fördern Sie dadurch seinen interessierten Geist.
- Bieten Sie Ihrem Vierbeiner regelmäßig **Ausflüge** in Umgebungen, die anders sind als Ihre normalen Spazierwege: Schlendern Sie mit ihm über einen Parkplatz, spazieren Sie durch ein Gewerbegebiet oder gehen Sie frühmorgens auf Schnüffeltour durch die menschenleere Fußgängerzone. Wählen Sie Ihre Ausflugsumgebungen dabei immer so, dass Ihr Hund gut klar kommt und keine Anzeichen von Überforderung wie beispielsweise ein angespanntes Stressgesicht, Hecheln trotz kühler Temperaturen, fehlende Ansprechbarkeit oder übermäßiges Ziehen an der Leine zeigt.
- Ein reges Sozialleben mit guten **Sozialkontakten** hält fit im Kopf. Auch wenn Ihr Hund kein Interesse daran hat, mit Artgenossen herumzutoben: Finden Sie Freunde für ihn, mit denen er gemeinsame Schnüffelspaziergänge genießen kann. Das ist wie Kaffeeklatsch für Menschen – mit ähnlichen positiven Auswirkungen auf die Lebensqualität und das Wohlbefinden.

Bewegungen mit Köpfchen

Jede Art von Bewegung fördert die Durchblutung und die Sauerstoffzufuhr im Gehirn – was wiederum der Denk- und Konzentrationsfähigkeit zugute kommt. Der besondere Denksportfaktor kommt hinzu, wenn **ungewohnte Bewegungsabläufe** trainiert werden!

- Lassen Sie Ihren Spaziergang zum **Trimm-dich-Pfad** werden und machen Sie am besten gleich mit: Balancieren Sie über rutsch- und rollfeste Baumstämme, waten Sie durch tiefes Laub, gehen Sie über verschiedene Untergründe, bergauf und bergab. Besonders viel Spaß macht dies Ihrem Hund in Verbindung mit Suchspielen: Verstecken Sie zum Beispiel das Lieblingsspielzeug Ihres Hundes so, dass Ihr Vierbeiner sich ein wenig recken und strecken oder querfeldein laufen muss, um daran zu kommen. Oder Sie streuen eine Handvoll Futter auf nicht allzu steilen Rampen und Böschungen aus, so dass die Suche gleichzeitig zur Klettertour wird.
- Bauen Sie in Ihrem Wohnzimmer gelegentlich „**Turngeräte**“ auf: Setzen Sie unterschiedliche Untergründe wie Stuhlkissen, Fußmatten oder Plastikplanen zu einer Taststraße zusammen. Lassen Sie Ihren Hund sich auf einer halb aufgeblasenen Luftmatratze oder einem rutschfesten Wippbrett (z.B. mit Teppichstopp umwickeltes Regalbrett, dessen „Wackelfaktor“ von einer untergelegten Decke bestimmt wird) ausbalancieren. Legen Sie eine „Leiter“ aus Besenstielen oder Pflanzstäben auf den Boden. Diese Hindernisse langsam (!) zu absolvieren, sich darauf hin- und herzubewegen und dabei alle Viere koordiniert einzusetzen, ist eine geistige Höchstleistung. Tipp: Wenn Sie etwas Futter über den Hindernissen ausstreuen, bewegt Ihr Hund sich beim Sammeln automatisch langsam und sieht zudem, wo er hintritt.
- Wenn es darum geht, das Gehirn mit ungewohnten Bewegungsabläufen zu stimulieren, dann empfiehlt man Menschen einen Tanzkurs. Und unsere Hunde? Die lernen neue **Tricks**! Oder entdecken das kreative **Clickertraining**. Besorgen Sie sich Anleitungen in Buch- und DVD-Form und suchen Sie sich Übungen heraus, an denen Sie und Ihr Hund besonders viel Spaß haben.

Spielerisch und alltagsrelevant – so sieht gutes Gehirntraining aus. Ihnen und Ihrem Hund viel Spaß dabei!

Service

Lesetipps

Sie wollen noch mehr Ideen, Tipps und Hintergrundwissen zu den im Buch angesprochenen Themenbereichen? Eine kleine Auswahl finden Sie hier.

Einfach und artgerecht

Dieser Lesestoff wird Ihnen gefallen, wenn Sie besonders der Aspekt interessiert, Ihrem Hund artgerechte und alltagstaugliche Beschäftigung zuteil werden zu lassen:

- Riepe, Thomas: Einfach Hund sein dürfen. Das Hundeleben natürlich gestalten. Verlag Eugen Ulmer 2016
- Sondermann, Christina: Einfach Schnüffeln. Nasenspiele für den Hundealltag. Verlag Eugen Ulmer 2017
- Sondermann, Christina: Kauspielspaß für Hunde. Verlag Eugen Ulmer 2014

Trickreich und kniffelig

Kreatives Clickertraining und Tricks, die die grauen Zellen so richtig in Schwung bringen: Hier gibt‘s jede Menge Futter fürs Hundehirn – durchaus anspruchsvoll, aber mit gut verständlichen Schritt-für-Schritt-Anleitungen!

- Nardelli, Denise: Hunde klickern — Vom Kopf bis zu den Pfoten. Trainingskarten inklusive DVD. Verlag Dreh-Punkt 2013
- Theby, Viviane: Die Hunde-Uni: Schlaue Aufgaben für schlaue Hunde. Kynos Verlag 2009

Was kleine Spiele können

Sie interessieren sich für die positiven Nebeneffekte auf psychische Gesundheit und Alltagstauglichkeit, wenn Hunde spielerisch kleine Herausforderungen meisten?

- Hense, Maria / Sondermann, Christina: Perspektivwechsel. Positive Psychologie für Hunde. Cadmos Verlag 2014

In den Hundekopf geschaut

Seitdem auch die Forschung auf den Hund gekommen ist, wissen wir immer mehr über die kognitiven und sozialen Fähigkeiten unserer Vierbeiner. Wenn Sie sich auf dem Laufenden halten möchten:

- Die derzeit größte Forschungsgruppe ist das „Family Dog Project“ der Eötvös Loránd University Budapest um Prof. Ádám Miklósi. Dort wird nicht nur geforscht, sondern aktuelles Wissen regelmäßig laienverständlich aufbereitet, zum Beispiel in kostenlosen, weltweit übertragenen Online-Seminaren: familydogproject.elte.hu oder facebook.com/FamilyDogProject.

Über die Autorin

Die bekannte Autorin Christina Sondermann befasst sich seit Jahren mit Beschäftigungsmöglichkeiten für Hunde. Sie ist Spezialistin für einfach umsetzbare, alltagstaugliche Spielideen. Ihr Projekt www.spass-mit-hund.de wird von vielen Hundebesitzern geschätzt und macht die Hundewelt bunter und fröhlicher.

Danke!

Ein Buch ist nichts ohne schöne Bilder. Daher geht ein besonderes Dankeschön an die nimmermüden, hochengagierten vierbeinigen Gehirnakrobaten - Paris und Balin, Miro und Merlin, Pia und Sally, Bullet, Nadu und Apache, Elmo, Anka, Bobby, Brit und Flocke - mitsamt ihrem Betreuungsstab. Und an Heike Schmidt-Röger, der mal wieder der Klimmzug gelungen ist, in der verfügbaren Zeit all diese Momente in Szene zu setzen und einzufangen!

Bildquellen

Alle Bilder stammen von Heike Schmidt-Röger, außer:
S. 106, oben: C. Sondermann,
S. 106, unten: Anette Lüke.

Impressum

Titelfoto: Heike Schmidt-Röger

Bibliografische Information der Deutschen Nationalbibliothek

Die Deutsche Nationalbibliothek verzeichnet diese Publikation in der Deutschen Nationalbibliografie; detaillierte bibliografische Daten sind im Internet über http://dnb.d-nb.de abrufbar.

Wollgrasweg 41, 70599 Stuttgart (Hohenheim)
E-Mail: info@ulmer.de
Internet: www.ulmer-verlag.de
Lektorat: Kathrin Gutmann, Bettina Brinkmann
Herstellung: Ursula Stammel, Sara Holfelder
Umschlagentwurf und Innenlayout: Atelier Reichert, Stuttgart
Druck und Bindung: Westermann Druck Zwickau GmbH, Zwickau
Printed in Germany

ISBN 978-3-8001-3346-8